RÉPUBLIQUE FRANÇAISE

LIBERTÉ — ÉGALITÉ — FRATERNITÉ

PRÉFECTURE DU DÉPARTEMENT DE LA SEINE

ASSAINISSEMENT DE LA SEINE

PAR

M. Alfred DURAND-CLAYE

INGÉNIEUR EN CHEF DES PONTS ET CHAUSSÉES

PARIS
IMPRIMERIE ET LIBRAIRIE CENTRALES DES CHEMINS DE FER
IMPRIMERIE CHAIX
SOCIÉTÉ ANONYME AU CAPITAL DE SIX MILLIONS
Rue Bergère, 20

1885

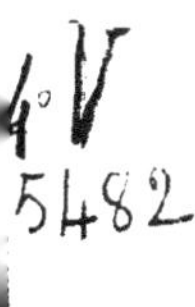

HISTORIQUE DU SERVICE

Les égouts de Paris déversent toutes leurs eaux dans trois collecteurs. Celui de la rive gauche et celui de la rive droite des quais envoient leurs eaux dans un tronc commun qui débouche en Seine, à l'aval de Paris, à Clichy; ils réunissent les 4/5 des eaux de Paris et donnent par jour de 260.000 à 320.000^{mc}. Le troisième collecteur, dit *Départemental*, recueille les eaux des versants nord de la Butte-Montmartre et des quartiers hauts de Paris; il vient déboucher à Saint-Denis. Il a un débit journalier de 40.000 à 60.000^{mc}. *(Voir plan annexe n° 1.)*

Depuis l'exécution de ces collecteurs et le développement du réseau secondaire des égouts, la Seine s'est trouvée gravement altérée à partir de Clichy jusqu'aux environs de Mantes *(Voir tableau et courbe, annexe n° 2)*. A diverses reprises, les riverains ont saisi le Gouvernement de leurs plaintes.

Des études et expériences, entreprises vers 1867, ont été poursuivies depuis lors par la Ville de Paris sans interruption et ont abouti à la grande démonstration actuelle de Gennevilliers. S'appuyant sur les travaux de MM. de Freycinet, Schlœsing, Marié Davy, Frankland, les Ingénieurs du service ont conclu à l'épuration des eaux d'égout par l'action d'un sol perméable et de la végétation. Après quelques cultures d'essai à Clichy (1867-1868) les eaux d'égout ont été envoyées sur la rive gauche de la Seine, dans la plaine de Gennevilliers. Partie de quelques hectares en 1869, 1870 et 1872, la surface irriguée atteint aujourd'hui

600^h^.2517. La consommation annuelle d'eau d'égout qui, au début, était de quelques milliers de mètres cubes, atteignait 5 millions de mètres cubes en 1875 et 18 à 19 millions dans ces dernières années.

La prospérité de la plaine et sa salubrité sont aujourd'hui indiscutables; en cinq ans, la population a augmenté de 34 0/0; la valeur locative de l'hectare est montée de 90 francs à 450 francs; la municipalité de Gennevilliers a passé avec la Ville de Paris un traité lui assurant, quels que soient les projets de la Ville, la jouissance des eaux d'égout pendant douze années à partir du 1er juillet 1881. L'expérience semble donc concluante et confirme pleinement la théorie.

Le Gouvernement est intervenu à diverses reprises et a tracé, à la Ville de Paris, le programme à adopter pour l'assainissement complet de la Seine.

Dès le 30 juillet 1870, après avis conforme du Conseil général des Ponts et Chaussées, le Ministre des Travaux publics posait en principe que la Ville de Paris était tenue d'assainir la Seine en aval de ses collecteurs et devait continuer, en les développant, les expériences entreprises à Gennevilliers.

Le 24 juillet 1875, après dépôt d'un rapport considérable rédigé au nom d'une Commission spécialement nommée pour étudier la question, et discuté en Conseil général des Ponts et Chaussées, le même Ministre prescrivait à la Ville de prendre, d'urgence, les mesures nécessaires pour remédier à l'infection de la Seine et dans ce but : « On doit, disait la décision ministérielle, regarder comme le plus efficace, le plus économique et le plus pratique de tous les moyens actuellement connus, celui qui consiste dans l'emploi de ces eaux à l'irrigation des cultures et dans leur traitement par infiltration à travers un sol suffisamment perméable. »

Les Ingénieurs du service municipal se mirent immédiatement

à l'œuvre. Suivant les indications qu'avait fournies la Commission ministérielle elle-même, ils dressèrent un projet comprenant la continuation des irrigations dans la plaine de Gennevilliers et leur extension sur les terrains domaniaux (fermes, tirés et bois) qui se trouvent sur le territoire d'Achères, à l'extrémité nord-est de la forêt de Saint-Germain.

Ce projet, pris en considération par le Conseil municipal, a subi les formalités de l'enquête du titre Ier de la loi de 1841 dans les départements de la Seine et de Seine-et-Oise.

Le 23 juin 1880, le Conseil municipal de Paris a donné son approbation audit projet et a invité le Préfet de la Seine à solliciter du Gouvernement la présentation d'un projet de loi ayant pour but la déclaration d'utilité publique des travaux et la cession, à la Ville de Paris, des terrains domaniaux.

Le Ministre des Travaux publics, saisi de nouveau de l'affaire, rendait, le 25 février 1881, une décision approuvant complètement, après examen des pièces de l'enquête et délibération du Conseil général des Ponts et Chaussées, le projet de la Ville de Paris. Dans une dépêche du 28 février 1881, M. le Ministre, en transmettant cette décision, déclarait qu'il allait faire préparer le projet de loi conforme ; il renvoyait en même temps l'affaire au Ministre des Finances pour examiner la cession des terrains domaniaux.

Pendant cette nouvelle période d'instruction, M. le Ministre de l'Agriculture et du Commerce saisissait de la question une Commission, nommée à propos des odeurs de Paris, et cette Commission donnait son approbation au principe des irrigations et à son application sur les terrains domaniaux.

Enfin, par dépêche en date du 23 janvier 1882, M. le Ministre des Finances se déclarait prêt à consentir la cession de 1.230 hectares domaniaux pris sur les fermes, tirés et bois d'Achères, moyennant le paiement par la Ville à l'État de

4.500.000 francs avec faculté d'échelonner les paiements, intérêts compris, sur un certain nombre d'années.

En 1882, l'Administration des Finances avait admis, en principe, une combinaison plus favorable aux intérêts de la Ville de Paris et de nature à prévenir toute appréhension de la part des riverains.

Les terrains domaniaux devaient être donnés en location à la Ville pour une période de 20 années au prix de 55.000 francs correspondant au revenu actuel desdits terrains, avec promesse de vente, moyennant le prix principal de 4.500.000 francs. La vente devrait être réalisée au plus tard dans 20 ans ; en cas de cessation de l'épuration sur les terrains avant les 20 ans, ils reviendraient à l'État avec la plus-value acquise. Ce projet de convention a été adopté le 23 juin 1882 par le Conseil municipal.

Dans le courant de l'année 1883, des difficultés ont été soulevées par le service des Forêts au sujet de la cession de la partie des terrains domaniaux qui dépendent de ce service. Mais, à la suite de l'examen des irrigations de Gennevilliers et des terrains domaniaux d'Achères par les Ministres compétents, le Gouvernement a posé les bases d'une convention, conforme dans ses lignes essentielles au projet déjà adopté en 1882 par le Conseil municipal. Celui-ci a accepté la nouvelle convention par un vote en date du 1er août 1884.

Il convient d'espérer que l'année 1885 verra enfin aboutir cette grave question de l'assainissement de la Seine qui se présente aujourd'hui dans des conditions d'instruction absolument complètes et avec le contrôle d'une vaste expérience effectuée dans la plaine de Gennevilliers de concert avec plusieurs centaines de cultivateurs.

L'**Assainissement de la Seine** comprend deux services :
1° Service des irrigations de la plaine de Gennevilliers ;
2° Service des études et travaux neufs.

1° Service des irrigations de la plaine de Gennevilliers

CHAPITRE PREMIER

DESCRIPTION GÉNÉRALE DES OUVRAGES

A. — Alimentation.

L'alimentation comprend les différents systèmes établis pour amener les eaux d'égout dans la plaine de Gennevilliers.

Il existe deux voies bien distinctes pour l'amenée des eaux sur le terrain.

La première *(Voir annexe n° 1, tracé rouge)* consiste en un égout ovoïde de $1^{m},60$ de hauteur sous clef et $0^{m},90$ d'ouverture, greffé à la porte de la Chapelle, sur le collecteur du versant Nord de Paris, dit : « Collecteur départemental ». Cette dérivation permet d'amener, par la pente seule, aux ponts de Saint-Ouen, le volume d'eau qu'envoie Paris par le collecteur départemental.

En partant de la porte de la Chapelle, la dérivation emprunte d'abord le fossé des fortifications et suit ensuite le chemin vicinal de grande communication n° 5 de la porte des Poissonniers à Saint-Ouen. La traversée des ponts se fait au moyen de trois conduites en fonte de $0^{m},60$, placées sous le tablier, lesquelles viennent déboucher sur l'autre rive de la Seine, dans une conduite en béton de 1 mètre de diamètre, appartenant au réseau de distribution de la plaine de Gennevilliers. La longueur totale de cette dérivation est de 3.722^{m},24, dont 3.302^{m},24 en galerie maçonnée, et 420 mètres en conduites métalliques.

La deuxième (*Voir annexe n° 1, tracé rouge*) part du collecteur d'Asnières, à environ 350 mètres de son débouché en Seine. Un aqueduc circulaire en maçonnerie, de 2^{m},10 de diamètre, pénètre dans le radier du collecteur (qui a, en ce point, 2^{m},30 de profondeur au-dessous des banquettes), emprunte, à Clichy, la rue des Chasses et la rue Fournier pour venir déboucher dans une galerie avec banquettes, qui forme puisard d'aspiration pour les machines élévatoires, et qui se prolonge jusqu'à la Seine. La longueur de l'aqueduc circulaire est de 884^{m},60 et celle de la galerie d'aspiration, de 120 mètres.

A l'angle de la rue Fournier et du chemin vicinal n° 39, se trouve placée l'usine élévatoire. Cette usine comporte actuellement 1.100 chevaux de force, qui sont fournis par trois groupes de machines et pompes.

Les deux premiers groupes se composent chacun d'une machine (système Corliss-Farcot) actionnant une pompe centrifuge double (système Perrigault); chacune de ces machines est alimentée par deux générateurs de vapeur avec chaudière tubulaire à faisceau mobile et réchauffeur; une chemise en tôle enveloppe chaque générateur.

La machine du premier groupe, établie en 1873, a une force de 150 chevaux, et celle du deuxième groupe, établie en 1875-1876, 250 chevaux.

Le piston à vapeur met en mouvement un volant de grand diamètre, engrenant directement sur un pignon monté sur l'arbre des pompes centrifuges, lesquelles sont accouplées au nombre de deux sur chaque pignon.

Les deux groupes aspirent isolément l'eau d'égout dans la

galerie-puisard et la refoulent dans une conduite en fonte de 1m,10 qui, gravissant la rampe du chemin vicinal n° 39, arrive au pont de Clichy, sous les trottoirs duquel elle passe pour déboucher, à l'extrémité du pont, dans une conduite de 1m,25 de diamètre, en maçonnerie de meulière, appartenant à la distribution de la plaine de Gennevilliers.

Le troisième groupe de machines et pompes, qui comporte 700 chevaux, se compose de deux machines à vapeur horizontales à condensation (système Corliss-Farcot) pouvant produire ensemble facilement un travail de 5 à 600 chevaux disponibles sur le volant unique qu'elles actionnent simultanément. En plein service, la force est de 700 chevaux. La vapeur est fournie à ces machines par quatre générateurs tubulaires de 175 mètres carrés de surface de chauffe chacun, identiques, du reste, à ceux des deux premiers groupes. Le volant denté actionne le pignon qui met en mouvement l'arbre de la pompe centrifuge double du système breveté Perrigault-Farcot. Cette pompe, destinée à alimenter d'eau les terrains d'Achères, peut élever 1.250 litres d'eau par seconde à 20 mètres de hauteur. Elle est actuellement reliée à la conduite de refoulement de Gennevilliers ; elle alterne avec les deux premiers groupes, et, en travaillant dans ces conditions, elle peut élever environ 1.800 litres par seconde.

B. — Distribution.

La distribution des eaux dans la plaine de Gennevilliers comprend (*Voir annexes, nos 3 et 4*) :

1° Une grosse conduite en maçonnerie de meulière et ciment de Portland de 1m,25 de diamètre qui reçoit les eaux montées par les machines de Clichy. Cette conduite, partant du pont de Clichy, sous la route départementale n° 14, emprunte la route départementale n° 7, suit à droite le chemin du Moulin de la Tour, longe un instant dans le village de Gennevilliers le chemin de grande communication n° 6 et reprend enfin la route départementale n° 7 (prolongée jusqu'au pont d'Épinay) où elle se poursuit jusqu'à la sente des Champs Fourgons. Après un parcours de 3.747 mètres, elle envoie vers la Seine une conduite de $0^m,60$, en béton, établie dans son prolongement et destinée à porter l'eau jusqu'aux berges mêmes du fleuve.

2° Une conduite de 4 mètre de diamètre, en béton moulé, qui reçoit l'eau du collecteur départemental amenée par les conduites en fonte des ponts de Saint-Ouen, descend les 394 mètres de la rampe du pont et se bifurque ensuite en envoyant à gauche et à droite des conduites secondaires qui se relient au réseau général de la plaine.

3° Un réseau de conduites exécutées en béton moulé de diamètres variant de 4 mètre à $0^m,30$. Ces conduites empruntent la plupart du temps les chemins vicinaux et ruraux, dont la commune de Gennevilliers a concédé la jouissance gratuite à la Ville de Paris. Leur longueur totale est de $33.992^m,25$ et se subdivise, en fonction des diamètres, conformément au détail porté au tableau annexe n° 4. — Toutes ces conduites ont été établies, à titre gratuit, sous les divers chemins vicinaux et ruraux de la commune de Gennevilliers, en vertu de deux traités intervenus les 16 juillet 1873 et 2 mars 1881 entre ladite commune et la Ville de Paris.

C. — Drainage.

Un système de drainage destiné à faciliter l'abaissement de la nappe souterraine a été établi en 1878-1879.

Il se compose de conduites pleines en béton de $0^m,45$ de

diamètre formant collecteurs, destinées à traverser le bourrelet imperméable qui borde la Seine et délimite la presqu'île de Gennevilliers. Les drains qui amènent l'eau à ces collecteurs sont des tuyaux de même diamètre, mais perforés.

Les drains sont au nombre de 5 (*Voir annexe, n° 3, tracés rouges*).

Le premier, dit *des Grésillons*, débouche à l'extrémité du jardin de la Ville.

Le deuxième, dit *du Moulin de Cage*, débouche dans le voisinage du pont de Saint-Ouen.

Le troisième, dit *de la Garenne*, débouche près du hameau de Villeneuve-la-Garenne.

Le quatrième, le plus important, dit *drain d'Épinay*, suit jusqu'à la Seine la route départementale n° 7 prolongée (*ancien chemin d'Épinay*) et recueille toutes les eaux ramassées par un drain de ceinture qui entoure le village de Gennevilliers; enfin le cinquième, dit *drain des Burons*, assainit toute la partie basse de la plaine comprise entre les ponts d'Épinay et d'Argenteuil. Il suit le chemin des Burons à partir du lieu dit la *Petite Mercière* et débouche en Seine en traversant la Noue Cadot.

Les drains ont les longueurs suivantes :

Drain des Grésillons	1.308m
— du Moulin de Cage	1.122
— de la Garenne	630
— de Ceinture et d'Épinay	3.364
— des Burons	1.473
Ensemble	7.897m

4.343 mètres sont formés de conduites pleines et 3.341 mètres de conduites perforées. Le drain des Grésillons débouche dans un petit canal à ciel ouvert qui conduit les eaux épurées dans la Seine. Ce canal a une longueur de 113 mètres.

Le drain des Burons a été exécuté dans la campagne de 1883.

CHAPITRE II

RÉSULTATS

La série des tableaux et plans ci-annexés (*annexes n°s 5 à 20*) résume la situation du service des irrigations, les observations faites ainsi que les progrès accomplis depuis 1872.

1°. — *Le débit du collecteur de Clichy* est actuellement d'environ 319.000^{mc} en 24 heures, soit, pour l'année entière : 106.000.000^{mc} (*Voir annexe n° 5*). Au débit constaté en 1883 pour le collecteur de Clichy, il y a lieu, pour avoir le total de l'eau d'égout fournie par la Ville de Paris, d'ajouter le cube journalier de 44.000 mètres que donne le collecteur départemental à la porte de La Chapelle et qui peut être amené entièrement dans la plaine de Gennevilliers par la dérivation de Saint-Ouen. On a ainsi un cube journalier moyen de 362.000^{mc}. La distribution d'eau dans la Ville étant de 380.724^{mc} et la pluie de 105.002^{mc} en moyenne par 24 heures, on a pour rapport de l'eau écoulée par les collecteurs à l'eau distribuée et tombée :

$$\frac{362.000}{380.724 + 105.002} = 0,74.$$

Les variations horaires de débit sont indiquées aux tableaux et à la courbe (*Annexe n° 6*).

Les forts débits ont lieu de 10 heures du matin à 8 heures du soir; il y a baisse la nuit.

2°. — *La composition des eaux d'égout* fournies par les collecteurs en 1883 est indiquée aux courbes et au tableau ci-joints *(Annexe n° 7)* ; elle se résume dans les chiffres suivants :

Collecteur de Clichy.

Matières organiques, y compris $0^k,024$ d'azote. . .	$0^k,597$
Matières minérales, y compris $0^k,010$ d'acide phosphorique	$1^k,420$
TOTAL (par mètre cube). . .	$2^k,017$

Collecteur départemental.

Matières organiques, y compris $0^k,031$ d'azote . . .	$0^k,733$
Matières minérales, y compris $0^k,012$ d'acide phosphorique	$1^k,648$
TOTAL (par mètre cube) . .	$2^k,381$

Comme nous le faisons depuis l'origine de nos observations, nous avons constaté la propriété qu'ont les eaux d'égout d'être relativement chaudes en hiver et fraîches en été. Elles restent plus chaudes que la Seine jusqu'en avril et plus fraîches jusqu'en octobre *(Voir tableau et courbes n° 8)*.

Les observations de température ont été accompagnées d'observations barométriques, hygrométriques, psychrométriques, actinométriques, anémométriques, destinées à suivre les diverses conditions météorologiques de la plaine de Gennevilliers.

3°. — *Le cube d'eau d'égout envoyé* dans la plaine de Gennevilliers *(Annexe n° 9)* qui n'était que de 1.765.621^{mc} en 1872 a atteint 10.661.224^{mc} en 1876, 15.040.645^{mc} en 1880 et 17.598.416^{mc}

en 1883. Dans cette dernière année, 10.033.389^{mc} ont été fournis par les machines élévatoires de Clichy et 7.565.027^{mc} par la dérivation de Saint-Ouen. De 1872 à 1884 il a été versé 135.000.000^{mc} sur la plaine de Gennevilliers.

L'usine élévatoire de Clichy a passé successivement de la force de 150 chevaux à celle de 400 chevaux et, enfin, à celle de 1.100 chevaux. Elle est aujourd'hui en état de commencer, au besoin, l'envoi des eaux sur les terrains domaniaux d'Achères.

La répartition des cubes déversés par mois est indiquée au (*tableau annexe n° 10*). Le maximum s'est produit en août (2.221.333^{mc}) et le minimum (crue de la Seine) en janvier (182.974^{mc}). — La distribution s'opère à l'aide de bouches à vis placées à l'extrémité de branchements en poterie Doulton, les terrains sont tous disposés en raies et billons (*Voir annexe n° 11*).

4°. — *La surface irriguée* a subi une progression croissante. Partie de 51 hectares en 1872, elle atteignait 121 hectares en 1874, 200 hectares en 1875, 357 hectares en 1877, 450 hectares en 1880 et, enfin, 572 hectares au 31 décembre 1883 (*Voir annexe n° 12*).

5°. — Les résultats obtenus, au point de vue de l'assainissement et de la culture, se résument dans les faits suivants :

A. — *La valeur locative* des terrains, qui était anciennement de 90 à 150 francs l'hectare, est aujourd'hui de 450 à 500 francs l'hectare, dans tout le périmètre irrigué. Quant à la valeur du fonds, elle est de 10.000 à 12.000 francs l'hectare ; elle a atteint dans quelques ventes, 20 à 22.000 francs l'hectare.

B. — *Les rendements* des diverses cultures sont des plus élevés (20 à 40.000 têtes de choux à l'hectare, 60.000 têtes d'artichauts, 100.000 kilos de betteraves à bestiaux, etc.).

Le produit brut obtenu à l'hectare par les cultivateurs varie entre 3.000 francs et 10.000 francs, et même au-delà pour certaines cultures. Les légumes continuent à former la plus grande partie de la culture et sont avantageusement vendus, tant aux Halles qu'aux marchés des environs. Près de 800 vaches sont nourries à l'aide des herbes et plantes irriguées.

C. — *Irrigations à haute dose.* — Des essais de colmatage et d'irrigations à haute dose se poursuivent régulièrement dans la plaine de Gennevilliers depuis 1880. Ces essais ont été commencés par l'Administration, pendant l'hiver de 1880-1881, sur un champ d'une superficie totale de 1^{h},64. Du 2 décembre 1880 au 23 avril 1881 (cinq mois environ), il a été versé 55.117^{mc},806 d'eau d'égout, ce qui donne, par hectare, 33.608^{mc},418 ou une hauteur d'eau de 3^{m},36. Le champ fut alors rendu aux cultivateurs qui y firent une récolte magnifique de betteraves, en employant, pendant tout l'été, l'eau aux doses habituelles d'irrigation.

Le colmatage fut repris du 14 novembre 1881 au 30 mars 1882 (quatre mois et demi); la quantité d'eau déversée atteignit 131.212^{m},861, soit 80.007^{mc},842 à l'hectare. La dose était donc plus que doublée. Nous jugeâmes intéressant de poursuivre cette expérience sur des plantes cultivées, plantes qui, après le colmatage ci-dessus, devaient continuer à recevoir l'eau d'égout à la plus haute dose possible. Dans ce but, une partie du champ d'expériences, 0^{h},54, fut loué par la Ville et préparé en raies de 0^{m},30 et en billons de 0^{m},60 de large. L'irrigation a commencé le 25 avril 1882 et se continue actuellement. Les résultats, comme culture, sont restés très satisfaisants.

A la date du 31 décembre 1883, le cube déversé. à l'hectare, depuis le 14 novembre 1881, atteignait 316.650^{mc},325 ; ce qui représente une lame d'eau de 31^{m},67 d'épaisseur. Ce cube d'eau se partage ainsi :

1° Colmatage pur (du 14 novembre 1881 au 30 mars 1882) . . . 80.007^{mc},842

2° Culture maraîchère { 1882 — 123.585^{mc},033. . } { 1883 — 113.057^{m},450. . } 236.642^{mc},483

TOTAL. . . . . 316.650^{mc},325

Il est à noter que le terrain est de nature passablement argileuse et que l'épaisseur de la couche végétale est, en moyenne, de 0^{m},50.

L'irrigation a lieu tous les deux ou trois jours; il y a eu 158 jours d'irrigation pour l'année 1883. Chaque année, les rigoles de distribution sont remaniées; dans les labours, on fait en sorte que la nouvelle rigole occupe le milieu d'une ancienne planche. La largeur des rigoles varie de 0^{m},20 à 0^{m},30; elle est quelquefois, mais plus rarement, de 0^{m},50. La largeur des planches est de 1 mètre à 1^{m},20.

En 1883, le champ a été divisé en 120 planches, tant longitudinales que transversales; ces planches occupent une superficie réelle de 38 ares (70 0/0). Les allées, bourrelets, passages, rigoles-maîtresses et rigoles de distribution prennent le surplus : 16 ares (30 0/0).

D. — *L'exploitation des carrières* se fait sur une vaste échelle.

E. — *La nappe souterraine*, par suite de la bonne répartition des eaux, de la création des drains établis en 1878 et 1879 et des conditions météorologiques normales, reste à un niveau peu élevé. Nous donnons dans les annexes n°s 13, 14 et 15, la hauteur comparative de la Seine et des drains, le débit des drains et la comparaison entre la hauteur de la nappe avant et après le drainage. La pureté des eaux de la nappe, frappante au seul coup d'œil, à la sortie des drains, a été vérifiée par de nombreuses analyses. Les quantités d'azote organique ou ammoniacal y sont infiniment petites et n'atteignent pas 0g,001 par litre ; au microscope, 1 centimètre cube des mêmes eaux montre à peine une douzaine de microgermes, tandis que l'eau de la Vanne en contient, dans le même volume, 62; l'eau de Seine, à Bercy, 1.400 et l'eau d'égout, 20.000.

F. — *La population de Gennevilliers* s'est accrue, entre les deux derniers recensements de 1876 et de 1881, de 34 0/0, par suite de l'immigration d'un grand nombre de cultivateurs venus des communes voisines. L'état sanitaire ne laisse rien à désirer. Depuis plusieurs années, il serait impossible de citer l'ombre d'une plainte à ce sujet.

CHAPITRE III

TRAVAUX NEUFS EXÉCUTÉS EN 1883

Le service d'assainissement de la Seine a eu à exécuter, en 1883, divers travaux neufs soit à Clichy, soit dans la plaine de Gennevilliers.

A *Clichy*, une délibération du Conseil municipal du 21 juillet 1882 avait approuvé l'agrandissement de l'usine de Clichy et autorisé l'acquisition du terrain compris entre l'usine actuelle et le nouveau chemin vicinal n° 39 bordant la Seine. Un arrêté préfectoral en date du 26 août 1882, approuvant ladite délibération, a autorisé l'acquisition de 3.421^{m},87 de terrain, moyennant le prix de 119.765 fr. 45 c.

En vertu d'un arrêté préfectoral, en date du 23 avril 1883, la clôture de ce nouveau terrain a été effectuée moyennant une dépense de 9.800 francs.

Le 21 août 1883, un arrêté autorisait également la construction d'un mur de clôture mitoyen avec le chantier à coke de la Compagnie Parisienne d'éclairage et de chauffage par le gaz (Dépense, 5.000 francs).

L'usine de Clichy a donc aujourd'hui une superficie close de plus de 10.500 mètres où pourront être installées toutes les machines nécessaires pour élever la totalité des eaux d'égout amenées à Clichy par les collecteurs.

Le 23 juillet 1883, une délibération du Conseil municipal votait un crédit de 100.000 francs pour l'établissement, à Clichy, d'un déversoir en Seine et pour les modifications à apporter aux conduites existantes, afin d'assurer le service des égouts en temps de crue du fleuve.

A cet effet, une porte de flot avec barrage mobile interceptera l'entrée de la Seine dans les collecteurs. Les machines de l'usine refouleront l'eau d'égout dans des conduites métalliques, reliées par un jeu de 4 robinets de 1m.10 aux conduites de refoulement et débouchant à la hauteur des plus grandes crues. On assurera ainsi un mouvement à l'afflux des eaux d'égout dans les cas de fortes crues de la Seine et on évitera, par suite, les graves inconvénients de la stagnation relative produite par l'obstruction des collecteurs envahis par les eaux de la Seine.

Les travaux ont comporté :

1° L'exécution d'une décharge en Seine. . . Fr.	52.000
2° La construction d'un barrage en tête de la galerie de dérivation de Clichy.	3.500
3° L'installation d'une soupape de sûreté sur la conduite d'aspiration de la machine de 700 chevaux.	25.135
4° L'exécution de travaux divers d'aménagement, raccords avec les quais, chemin de halage, complément du barrage, etc.	19.365
Fr.	100.000

En 1883, on a exécuté la plus grande partie de ces travaux.

Dans la plaine de Gennevilliers, on a complété le système de drainage par l'établissement d'un cinquième drain, dit *drain des Burons*, qui assainit toute la partie basse de la plaine comprise entre les ponts d'Épinay et d'Argenteuil. En effet, la dernière crue de la Seine avait mis en évidence la situation toute spéciale de cette partie du territoire de Gennevilliers où l'inondation persiste sur une centaine d'hectares, même après le retrait des eaux du fleuve.

Le Conseil municipal, par délibération en date du 20 juin 1883, approuvée le 28 juillet suivant, ouvrit, pour ce travail, un crédit de 50.000 francs pris sur le reliquat du crédit originaire de 425.000 francs ouvert en 1878 pour le drainage de la plaine de Gennevilliers.

Ce drain, comme les autres de la presqu'île, se compose d'une partie haute en tuyaux perforés de $0^m,45$ de diamètre, qui fonctionne sur 973 mètres de longueur, comme véritable drain, et d'une partie basse, en tuyaux pleins, en béton de $0^m,45$ également, qui traverse la bande d'argile qui borde la Seine et atteint le fleuve après un parcours de 520 mètres.

CHAPITRE IV

DÉPENSES

Nous indiquerons successivement les dépenses de premier établissement faites pour l'installation actuelle du service de Gennevilliers, les dépenses d'exploitation constatées dans les dernières années, les dépenses faites tant pour travaux neufs que pour travaux d'entretien dans le dernier exercice.

§ I. — DÉPENSES DE PREMIER ÉTABLISSEMENT DU SERVICE DE GENNEVILLIERS

Conformément au tableau détaillé *(Annexe n° 16)* la dépense de premier établissement du service actuel s'est élevée à 4 millions 445.579 fr. 39 c. savoir :

I. — *Usine et conduites d'amenée.*

Usine	Terrains et bâtiments	627.562fr,15	1.507.365fr,80
	Machines et chaudières	815.003 65	
	Annexes	64.800 »	
Conduites de refoulement et d'amenée dans la plaine.	Conduites de Clichy	361.645 70	731.751 26
	Dérivation de St-Ouen	370.105 56	
	TOTAL PARTIEL		2.239.117fr,06

II. — *Distribution dans la plaine.*

Réseau des conduites de distribution	1.180.262fr,02
Drainage	334.369 50
TOTAL PARTIEL	1.514.631fr,52

III. — *Dépenses accessoires diverses.*

Champ d'expériences d'Asnières	264.875fr,97
Premiers essais de Gennevilliers	371.605 25
Divers	55.349 59
TOTAL PARTIEL	691.830fr,81
TOTAL GÉNÉRAL	4.445.579fr,39

La dépense relative aux irrigations proprement dites donne, ramenée à l'hectare, les résultats suivants :

Au 1er janvier 1883 la surface irriguée atteignait 571 hect. 4 ares 48 cent., ce qui donne pour une dépense totale de 1 million 180.262 fr. 02 c. une dépense par hectare irrigué de 2.066 fr. 84 c. pour la canalisation et ses accessoires.

L'accroissement de la canalisation depuis 1877 (époque de la suppression des rigoles) a consisté en 10.661m,65 de conduites qui se décomposent ainsi :

Conduites de	0m,60.	6.276m,90
—	0m,45.	3.951m »
—	0m,30.	433m,75
		10.661m,65

Bouches : 200.

En appliquant à ces conduites et à ces bouches les prix moyens nous obtenons une dépense de :

6.276m,90	× 26 fr. 95 c.	=	169.162fr,45
3.951m »	× 17 fr. 23 c.	=	68.075 73
433m,75	× 13 fr. 64 c.	=	5.916 35
200 »	× 140 francs	=	28.000 »
			271.154fr.53

L'accroissement de la surface irriguée est de 215 hectares depuis la même époque.

Nous aurons donc une dépense par hectare gagné de :

$$\frac{271.154.53}{215} = 1.261^{fr},18$$

Si la canalisation, à peu près complète aujourd'hui, s'appliquait aux 1.224 hectares de terres labourables de la plaine de Gennevilliers, cette dépense par hectare irrigué, serait de :

$$\frac{1.180.262^{fr},02}{1.224} = 964^{fr}.26$$

§ 2. — DÉPENSES D'EXPLOITATION ET D'ENTRETIEN

Les dépenses d'exploitation et d'entretien qui étaient de 200.000 francs en 1873, époque du commencement du service régulier dans la plaine de Gennevilliers (88^{H}), ont atteint 300.000 francs en 1876 (295^{H}) et sont de 390.000 francs depuis 1880 (450^{H}). Elles s'élèvent, en somme, jusqu'au 31 décembre 1883 à 4.523.803 fr. 60 c. dont il conviendrait de défalquer 323.446 fr. 32 c. appliqués à des travaux qui doivent être considérés comme de premier établissement. Il resterait ainsi une dépense totale de 4.200.357 fr. 28 c.

Le crédit annuel de 390.000 francs ouvert les cinq dernières années au budget municipal peut être réparti moyennement de la manière suivante :

Usine	101.700^{fr}	»
Ateliers	18.100	»
Curage des galeries, entretien des dérivations.	14.000	»
Personnel des irrigations	70.000	»
Travaux d'entretien de la plaine.	69.500	»
Laboratoire et expériences Marié Davy . . .	15.000	»
Études pour extension	12.000	»
Entretien et développement des conduites de distribution	35.500	»
Bureaux : Personnel auxiliaire, fournitures diverses, frais du personnel général, etc	53.200	»
Total.	390.000^{fr}	»

Les dépenses spéciales à l'élévation et à la distribution proprement dites des eaux pendant la même période sont résumées dans l'annexe n° 17. — Le cube déversé dans la plaine de Gennevilliers s'est élevé en moyenne à 16.146.833 mètres cubes par an.

Le mètre cube élevé par machine revient pour son élévation à 0 fr. 0113 et pour sa distribution à 0 fr. 009, soit en tout à 0 fr. 0203. Le mètre cube amené par simple dérivation revient à 0 fr. 009.

§ 3. — DÉPENSES FAITES DANS L'EXERCICE 1883

Les dépenses faites dans l'année 1883 se résument de la manière suivante.

A. — *Le service de l'usine élévatoire a coûté :*

Personnel — Usine	30.238fr,15	56.195fr,10
Personnel — Ateliers et magasins	25.956 ,95	
Charbon, huile, graisse, etc.	59.609 ,51	101.439 01
Travaux divers	39.409 ,50	
Acquisition d'une pompe à incendie	2.420 »	
Curage, entretien des dérivations et manœuvre des vannes		16.715 53

B. — *La distribution des eaux d'égout se répartit en :*

Personnel	75.051fr,59	127.710fr,12
Travaux d'entretien des conduites, création de branchements secondaires, etc.	25.410 72	
Entretien des chemins	26.301 46	
Travaux divers	496 65	
A reporter		302.059fr 76

Report. . . 302.059fr,76

C. — *Les bureaux, laboratoire, etc., comprennent les dépenses ci-après :*

Personnel	32.995,21	
Indemnité au régisseur	1.500 »	
Papeterie, reliure, impressions, etc.	15.033,55	57.592fr,45
Indemnités et frais exceptionnels	6.747,67	
Indemnités au personnel de la direction	1.315,72	

D. — *Le service des études se divise en :*

Personnel.	14.387,41	15.018 91
Fournitures diverses.	631,50	

E. — *Enfin, les dépenses pour les expériences de M. Marié Davy s'élèvent à :*

Personnel	7.055,53	15.329 18
Fournitures et travaux divers	8.273,65	
Total.		390.000fr »

CHAPITRE V

RECETTES

Les recettes totales du service se bornent actuellement à celles provenant de la location d'un ancien champ d'essai situé sur la commune d'Asnières entre la digue de Gennevilliers et la Seine.

3 hect., 04 ares, 33 cent. sont ainsi loués à divers maraîchers, pépiniéristes, horticulteurs et fleuristes à raison de 0 fr. 05 le mètre carré ou 500 francs l'hectare.

Les baux sont fixés par arrêté préfectoral.

Recette totale : 1.925 francs.

2° Service des Études et Travaux neufs

Les travaux du service des Études et Travaux neufs comportent quant à présent :

1° Les études pour l'extension des irrigations par les eaux d'égout sur les terrains domaniaux d'Achères;

2° Les études pour l'épuration des eaux des égouts départementaux et de la partie Est de la capitale;

3° Les études et travaux en vue de l'assainissement général de Paris.

CHAPITRE PREMIER

EXTENSION DES IRRIGATIONS PAR LES EAUX D'ÉGOUT SUR LES TERRAINS DOMANIAUX D'ACHÈRES

On sait que l'achèvement des travaux nécessaires pour l'assainissement définitif et complet de la Seine comprend l'extension des irrigations aux terrains domaniaux d'Achères *(Annexe n° 18)*. L'historique présenté en tête de notre travail résume les phases diverses par lesquelles est passée cette affaire. Nous ajouterons seulement que la Commission technique dite de *l'Assainissement de Paris*, nommée par un arrêté de M. le Préfet de la Seine en date du 25 octobre 1882 et composée d'inspecteurs généraux des ponts et chaussées, d'ingénieurs civils, d'hygiénistes, d'architectes, de membres de la Commission des logements insalubres et d'ingénieurs en chef des ponts et chaussées et des mines, a, de son côté, tranché par un vote formel, dans sa séance du 23 décembre 1882, la question de l'épuration par le sol des eaux d'égout, même additionnées de matières de vidange. Elle a déclaré (article 32 de ses résolutions) que « les eaux d'égout de la Ville de Paris, prises dans leur état actuel, c'est-à-dire contenant une forte proportion de matières excrémentitielles, peuvent être soumises au procédé d'épuration par le sol, sans danger pour la santé publique ».

Ce vote a sanctionné les expériences entreprises à Gennevilliers sur plus de 500 hectares de terrain avec des eaux d'égout qui renferment aujourd'hui incontestablement une quantité très notable de matières excrémentitielles. Il semble donner toute sécurité, au point de vue hygiénique, pour l'extension des irrigations sur les terrains d'Achères.

Le service se met en mesure de passer rapidement à l'exécution des travaux aussitôt que les formalités législatives et financières auront été remplies. Nous préparons les plans parcellaires et nous modifions les détails du tracé en suivant une variante qui, pour économiser des achats de terrain, emprunte la route d'Asnières à Argenteuil jusqu'au point où les conduites entreront en souterrain.

CHAPITRE II

ÉPURATION DES EAUX DES ÉGOUTS DÉPARTEMENTAUX ET DE LA PARTIE EST DE LA CAPITALE

La Commission technique de l'Assainissement de Paris, comme corollaire de son vote du 23 décembre 1882 que nous rappelons plus haut, a émis le vœu que des mesures analogues à celles que la Ville de Paris réalise pour l'épuration de ses eaux d'égout soient prises dans le cours des rivières qui traversent les départements de la Seine et de Seine-et-Oise, et elle a adopté les bases d'un avant-projet destiné à réaliser l'épuration des eaux des égouts du département et de quelques quartiers de Paris en amont de la capitale. Les bases de cet avant-projet ont été résumées comme il suit dans les conclusions votées :

« Art. 33 *(titre IX des résolutions)*. — Il y a lieu de » demander au Gouvernement de prendre les mesures nécessaires » pour interdire la projection des eaux impures dans le cours de » la Seine et de la Marne, dans la traversée des deux départe- » ments de la Seine et de Seine-et-Oise.

» Art. 34. — Il sera fait immédiatement une étude pour » l'épuration des eaux des collecteurs départementaux de la » Seine et des égouts de Paris qui leur seront rattachés, par » des irrigations dans les plaines bordant le fleuve en amont de » Paris. »

Pour répondre à ces décisions de la Commission technique, nous avons présenté, à la date du 30 novembre 1883, un projet qui comporte l'utilisation des eaux d'égout à provenir des quartiers d'Ivry et de Bercy (Paris) et de celles qui sont actuellement déversées dans la Seine et dans la Marne en amont de Paris.

Le champ d'épuration indiqué dans ce projet est la vaste plaine comprise entre Créteil et la Seine, depuis l'extrémité de Maisons-Alfort jusqu'au village de Villeneuve-Saint-Georges.

Les égouts et les collecteurs prévus par MM. les Ingénieurs du service ordinaire du département de la Seine amèneront, sur un même point, dans la bosse de Marne, près du pont d'Ivry, toutes les eaux impures à provenir des communes comprises entre la Seine et la Marne et celles des communes bordant, en amont de Paris, la rive gauche de la Seine, la rive droite de la Marne et la rive droite de la Seine en aval du confluent de la Marne.

Ce tracé est complété par une étude de M. l'Ingénieur en chef de la 2e division des eaux et égouts de Paris, qui rattache, aux points d'arrivée des collecteurs et égouts départementaux, les égouts et collecteurs compris entre les deux rives de la Seine dans les quartiers d'Ivry et de Bercy.

Le périmètre des terrains arrosables s'étend, au-dessous de l'altitude 36m,00, sur les communes de Créteil, Maisons-Alfort, Choisy-le-Roi, Villeneuve Saint-Georges et Valenton ; la surface totale est d'environ 1.695 hectares. Les terrains compris dans toute cette surface sont à peu près tous cultivés ; ils sont formés, comme ceux de la presqu'île de Gennevilliers, d'alluvions sablonneuses avec nappe souterraine à d'assez bonnes profondeurs, notamment sur les territoires de Créteil, Valenton et Villeneuve Saint-Georges. L'absorption et l'évaporation d'un cube annuel de 50.000 à 100.000 mètres par hectare sont assurées.

Le réseau des conduites projetées est limité, quant à présent, à l'arrosage des terrains compris entre Créteil, Maisons-Alfort, Choisy-le-Roi et la route départementale n° 58 de Choisy à Bonneuil. Ces portions de territoire forment une étendue d'un peu plus de 800 hectares, suffisante, comme on le verra plus loin, pour absorber les eaux qui seront amenées par les égouts et collecteurs à construire ou à modifier.

L'usine élévatoire projetée est indiquée sur la rive droite de la Seine, à proximité des siphons d'amenée, dans un terrain dont on traite en ce moment l'acquisition.

Les conduites pour le refoulement des eaux d'égout seront partout établies sous pression; elles pourront plus tard, sans le moindre inconvénient, être prolongées jusqu'aux dernières limites du champ d'irrigations, et rayonner, au moyen d'artères convenablement aménagées, sur tous les points de la surface à irriguer.

Il a été admis, pour tout Paris, sur 7.802 hectares, un débit de $3^{mc},750$ d'eaux d'égout, ce qui donne, par hectare, et par seconde, $0^{mc},0005$.

Les orages exceptionnels, dont les eaux au moyen de trop-pleins pourront être dirigées en Seine ou en Marne, donnent, par seconde et par hectare, un cube de $0^{m},00182$.

Les surfaces habitées qui seront desservies par les égouts ou collecteurs à construire ou à modifier, dans Paris et hors Paris, sont de :

Pour Paris — (Ivry et Bercy)	250	hectares.
Amont de Paris	2.872	—
Soit	3.122	—

ce qui donne par seconde, pour le débit en temps ordinaire, $3.122 \times 0,0005 = 1,^{mc}561$ et en temps d'orage, $3.122 \times 0.00182 = 5^{mc},862$.

D'après ces données, on aura, chaque jour, à utiliser un cube de 130.000^{mc} et par an $48.000.000^{mc}$. Au début de l'opération, et en se préoccupant uniquement de l'eau d'égout, ce cube pourra, à la rigueur, être consommé par les 800 hectares environ de terrain désignés plus haut qui, à raison de 50.000^{mc} au minimum par hectare et par an suffiront à l'épuration annuelle de 48.000.000 de mètres cubes. Si le progrès agricole amenait un jour l'utilisation sur les 1.695 hectares, la dose annuelle à l'hectare descendrait à près de 20.000 mètres cubes.

Le cube à débiter a servi à fixer les sections des conduites. L'artère maîtresse, depuis l'usine élévatoire jusqu'à l'entrée du village de Créteil, se composera d'une conduite de 1^{m},10 de diamètre. Les autres branches principales pour amener l'irrigation jusqu'aux limites du périmètre indiqué auront 1 mètre de diamètre et les conduites secondaires mesureront 0^{m},80, 0^{m},60 et 0^{m},45 de diamètre.

La conduite maîtresse sera exécutée en fonte; toutes les autres conduites au-dessous de 1^{m},10 de diamètre seront coulées en béton sur moules métalliques et élastiques, avec épaisseur de 0^{m},20, suivant les procédés employés avec plein succès dans la plaine de Gennevilliers.

Les eaux des collecteurs, d'après les études des ingénieurs du service ordinaire et les indications de M. l'Ingénieur en chef de la 2e division des eaux et égouts de Paris, seront amenées au pont d'Ivry aux cotes 27^{m},60 et 26^{m},37. En réservant 0^{m},50 de charge pour les siphons à établir sous le lit de la Seine et sous le lit de la Marne, on pourra prendre aux machines élévatoires la cote 25^{m},80, soit 26 mètres en chiffres ronds. La cote d'arrivée au point le plus haut sur les terrains à arroser étant 36 mètres, c'est une hauteur de 10 mètres à laquelle il y a lieu d'ajouter au moins 3 mètres pour les pertes de charge; ce qui donne, au total, pour le refoulement, une hauteur de 13 mètres. La force utile nécessaire est, par suite, en eau montée, $\frac{1.561 \times 13}{75} = 270$ chevaux, ce qui correspond sur les pistons à une force de $\frac{270}{0,60} = 450$ chevaux. Cette force pourra être réalisée par deux machines avec pompes, de 225 chevaux environ chacune.

La dépense prévue d'après le détail estimatif du projet s'élève à la somme de 2.000.000 de francs; cette somme se décompose comme il suit :

1° Installation de l'usine avec achat du terrain nécessaire		777.678fr,88
2° Conduites en fonte . .	436.833fr,72	976.691 80
— béton. .	539.858 08	
3° Aménagement des terrains.		130.500 »
Total		1.884.870fr,68
Somme à valoir pour les imprévus		115.129 32
Dépense totale		2.000.000fr, »

Tel est, dans son ensemble, le projet préparé, conformément aux résolutions techniques de l'assainissement, pour l'épuration des eaux d'égout en amont de Paris.

L'Administration générale de l'Assistance publique est propriétaire, sur les communes de Créteil, Choisy-le-Roi et Maisons-Alfort, dans le périmètre des 800 hectares indiqués au projet pour le commencement des irrigations, de quatre-vingt-trois parcelles de terrain présentant ensemble une superficie totale de 156 hect., 14 ares, 16 cent. Un traité pour la location de ces terrains à la Ville de Paris, moyennant un loyer annuel de 15.600 francs, pendant dix-huit années à partir de novembre 1885, a été passé entre M. le Directeur de l'Administration de l'Assistance publique et M. le Préfet de la Seine. La réalisation de ce traité permettra à la Ville de Paris de passer rapidement à la période d'exécution des travaux aussitôt que les formalités administratives et financières auront été remplies.

CHAPITRE III

ÉTUDES ET TRAVAUX EN VUE DE L'ASSAINISSEMENT GÉNÉRAL DE PARIS

Le Service des études et travaux neufs, s'inspirant des résolutions votées par la Commission technique, a poursuivi les études générales en vue de l'assainissement général de Paris.

Il a réalisé, pendant l'année écoulée, par l'application du système dit du « Tout à l'égout », l'assainissement complet de l'Hôtel de Ville, de la caserne Schomberg récemment construite, boulevard Morland, pour la garde républicaine, du groupe scolaire sis rues Cujas et Victor-Cousin, du théâtre italien, place du Châtelet, de deux pavillons de la caserne de la Cité (pavillon Sud-Est occupé par le laboratoire municipal et pavillon Sud-Ouest occupé par la garde républicaine), et enfin d'un certain nombre de maisons particulières (hôtels et maisons de rapport) (Voir les quelques dessins types ci-annexés) *(Annexes n°s 19 et 20)*.

Le procédé appliqué dans chacun de ces édifices, casernes, écoles ou maisons, a été partout basé sur les mêmes principes, que la Commission technique a indiqués dans les 34 articles de ses résolutions.

L'eau distribuée sur chaque siège d'aisance à raison de 10 litres au minimum par habitant ; les tuyaux de chute prolongés jusqu'au-dessus des toits de la maison ; un siphon hydraulique placé au-dessous de chaque siège d'aisance ; lavage des chutes et conduits d'évacuation par chasse d'eau au moyen du réservoir automatique, système de M. Rogers Field ; des siphons au-dessous de chaque pierre d'évier, au pied de chaque tuyau de descente d'eaux ménagères avec ventilation à la partie supérieure de ce tuyau, et dans les cours au-dessous des bouches d'eaux pluviales; des regards convenablement ventilés aux intersections des tuyaux d'évacuation posés en tranchée ; un seul émissaire débouchant dans le piédroit de l'égout public un peu au-dessus du radier de cet égout; le branchement particulier isolé de l'égout par un mur pignon construit à l'aplomb du piédroit de la galerie et ouvert à la maison; enfin un siphon hydraulique portant une tubulure sur l'amont, interposé sur la conduite d'évacuation avant son entrée en égout.

Un certain nombre de projets d'assainissement par le même système ont été présentés à l'Administration, pour 26 écoles choisies parmi les plus malsaines dans les différents arrondissements de Paris; pour le gymnase Voltaire (XIe Arrondissement) et pour la caserne des sapeurs-pompiers rue Blanche. D'autres études ont, en outre, été faites ou se poursuivent sur la demande d'administrations, notamment pour l'hôpital Lariboisière et pour la Caisse des Dépôts et Consignations rue de Lille et quai d'Orsay; pour le petit lycée Louis-le-Grand que l'État fait construire rue d'Assas sur les terrains retranchés du Luxembourg; pour la caserne Lobau qui va recevoir des services annexes de la Préfecture de la Seine, et, sur la demande du Génie militaire, pour la caserne du prince Eugène, place de la République; les statistiques montrent que cette caserne est une des plus malsaines de Paris. Bon nombre d'architectes et de constructeurs présentent directement à l'Administration des projets conçus dans le même esprit.

D'accord avec MM. les architectes de l'Administration centrale de la Préfecture de la Seine et conformément à l'arrêté préfectoral du 27 février 1884 réglant les travaux de décoration de la place de la République, on a installé des latrines publiques et privées avec application du « Tout à l'égout » dans le kiosque de cette place situé à l'angle du boulevard Magenta.

Nous avons appliqué dans les casernes et dans les écoles, notamment à la caserne de la Cité, à la caserne Schomberg et aux écoles des rues Cujas et Victor-Cousin un système de latrines en usage à Londres dans de semblables établissements. Il se compose d'une cuvette horizontale de $0^m,30$ de diamètre, remplie d'eau sur $0^m,10$ de hauteur lorsqu'elle est en service. Cette cuvette s'étend sans interruption au-dessous des sièges des cabinets. Elle est formée de tronçons de tuyaux en grès vernissé portant à l'aplomb de chaque trou de siège une tubulure de $0^m,28$ de diamètre. La cuvette ainsi disposée, est terminée, d'un bout, par une seule descente formant déversoir raccordée sur la conduite d'évacuation par un siphon hydraulique, de l'autre bout, elle est disposée pour recevoir les chasses d'un réservoir automatique placé en élévation au-dessus des latrines.

Les sièges sont agencés dans chaque cabinet, au-dessus de cette cuvette, avec des revêtements en faïence émaillée qui s'élèvent jusque sur les parements des murs et cloisons.

Les urines au-devant des sièges sont reçues dans une cuvette à section rectangulaire qui occupe toute la surface du sol des cabinets en s'étendant sans interruption dans toute la largeur des latrines. Cette cuvette fonctionne comme celle qui est placée sous les sièges ; elle est remplie d'eau sur $0^m,03$ de hauteur, et ses extrémités sont agencées, l'une en déversoir et l'autre pour recevoir les chasses d'un réservoir automatique également placé en élévation. Des grilles en fer à barreaux méplats disposés normalement aux faces des sièges, nivellent le sol de chaque cabinet au-dessus de la cuvette des urines ; ces grilles, pour faciliter les nettoyages, peuvent être levées à la main.

Paris, le 3 avril 1884.

A. DURAND-CLAYE.

IMPRIMERIE CENTRALE DES CHEMINS DE FER. — IMPRIMERIE CHAIX. — RUE BERGÈRE 20, PARIS. — 5533-5.

ANNEXE N° 1

SERVICE

DE

L'ASSAINISSEMENT DE LA SEINE

PLAN D'ENSEMBLE

COLLECTEURS DE PARIS

N° 1

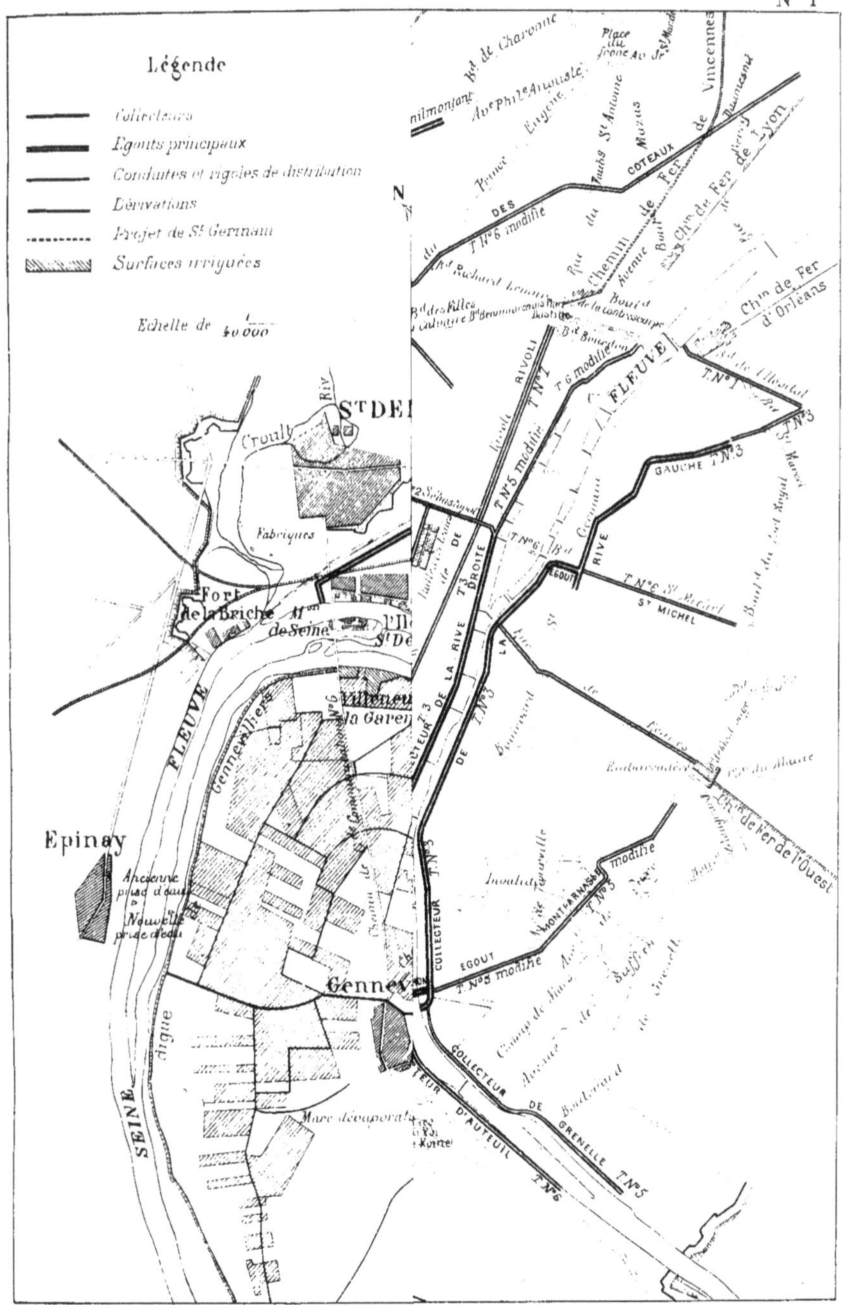

Imp. Chaix 20 Rue Bergère 25629 4 80

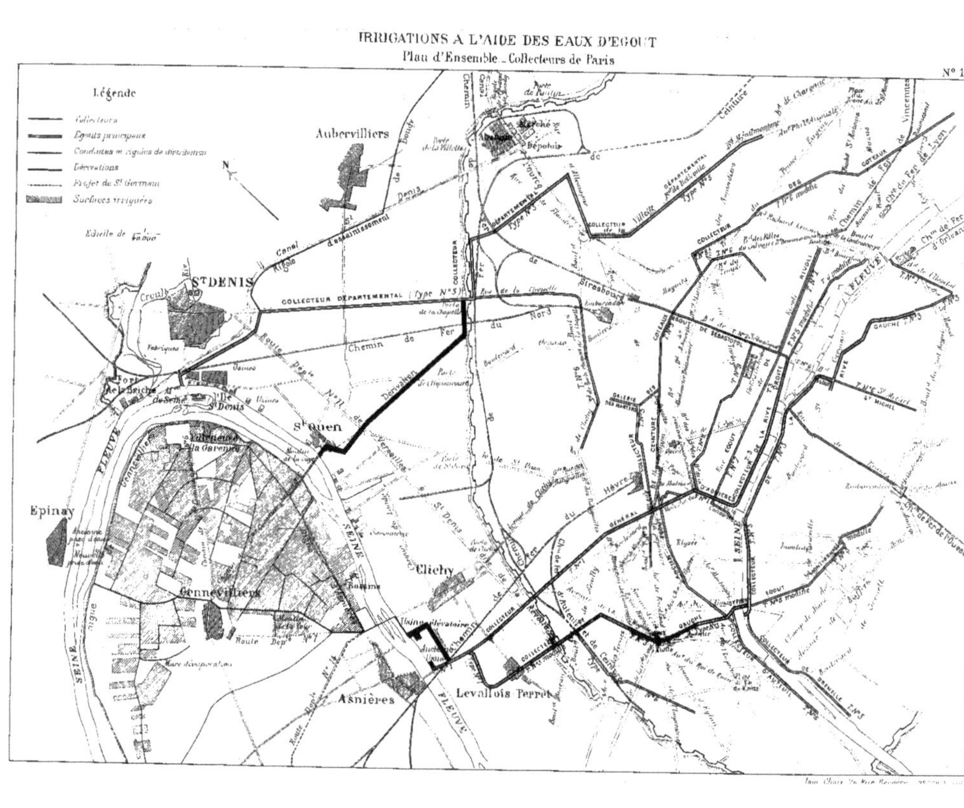

IRRIGATIONS A L'AIDE DES EAUX D'EGOUT
Plan d'Ensemble _ Collecteurs de Paris
N° 1
Légende
Collecteurs
Egouts principaux
Dérivations
Projet de St Germain
Surfaces irriguées
N
Aubervilliers
St DENIS
COLLECTEUR DÉPARTEMENTAL (Type N° 5)
Chemin de Fer du Nord
St Ouen
Epinay
Gennevilliers
Clichy
Asnières
Levallois Perret
Usine élévatoire
FLEUVE
SEINE
Strasbourg
Vincennes
Chm de Fer d'Orléans

ANNEXE N° 2

SERVICE

de l'Assainissement de la Seine.

Altération des Eaux de la Seine, en aval des Collecteurs.

INDICATION des PRISES D'ÉCHANTILLON D'EAU DE LA SEINE.	AZOTE non encore transformé en sels ammoniacaux volatils ou AZOTE organique exprimé en grammes par mètre cube ou 1,000 litr. d'eau (Analyse de 1874).	AZOTE y compris les sels ammoniacaux volatils exprimé en grammes par mètre cube (Analyse de 1869 et de 1874).	OXYGÈNE dissous exprimé en centimètres cubes par litre d'eau.	OBSERVATIONS.
	Grammes.	*Grammes.*	*Cent. cubes.*	
Pont d'Asnières, amont du collecteur	0,85	1,90	5,34	Le bras gauche formé par l'île St-Denis présente à la hauteur d'Épinay les doses suivantes :
Débouché du collecteur de Clichy	»	25,05	»	
Clichy aval du collecteur. — Bras droit	1,51	4,00	»	
Clichy aval du collecteur. — Bras central	1,25	»	4,60	
Clichy aval du collecteur. — Bras gauche	1,25	»	»	
Saint-Ouen, bras droit	1,16	2,00	4,07	Grammes.
Saint-Denis, bras droit, amont du collecteur	»	2,00	2,65	AZOTE { organique. 0,35 ; total . . . 1,50
Débouché du collecteur départemental	»	98,00	»	
Saint-Denis, bras droit, aval du collecteur et du Croult	7,27	11,29	1,02	OXYGÈNE 5,00
Épinay, bras droit	1,26	3,00	1,05	
Bezons, toute la largeur du courant	0,87	1,90	1,54	
Marly, bras gauche, amont du barrage	0,78	3,50	1,91	
Marly, aval du barrage	0,81	»	»	
Saint-Germain	0,76	2,20	»	
Maisons-Laffitte	0,79	2,50	3,74	
Conflans	0,46	»	»	
Poissy	0,45	2,20	6,12	
Triel	0,50	»	7,07	
Meulan	0,40	»	8,17	
Mantes	»	1,40	8,96	
Vernon	»	»	10,40	
Rouen	»	»	10,42	

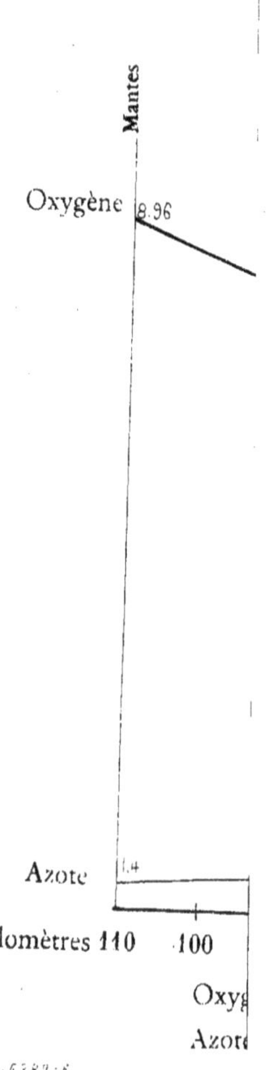

Imp. CHAIX Paris 5383 5

ALTÉRATION PROGRESSIVE DE LA SEINE

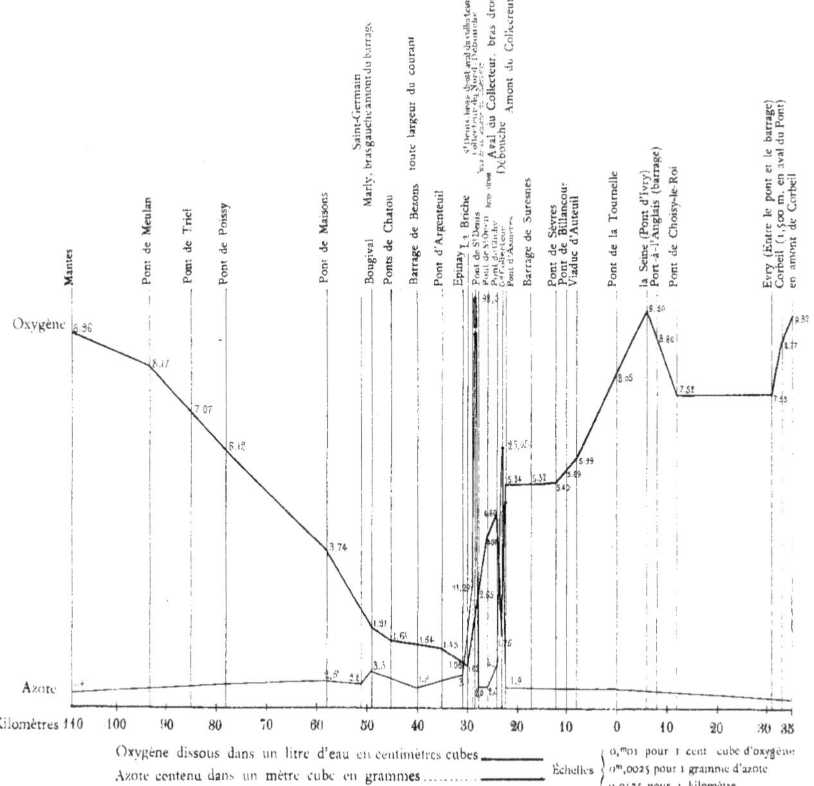

ANNEXE N° 3

SERVICE

DE

L'ASSAINISSEMENT DE LA SEINE

PLAN STATISTIQUE

DES

CONDUITES ET BOUCHES DE LA PLAINE DE GENNEVILLIERS

ANNEXE N° 3

Argenteuil
Route Dép. le No. 17 bis
Chemin de fer
SEINE
Digue
Petit Gennevilliers
Argenteuil à Courbevoie
Chemin d'Argenteuil
Fossés de
Route de Paris
Dép. le
Chemin de Gde Comon No 6 de Nanterre
Colombes
No 33
Dép. le No 32
Chemin de Colombes à Asnières
Bois Colombes
Lehot-Ville
Chemin de fer de St Germain à Paris
Asniè
la Garenne
Chemin de fer de Versailles à Paris
Route Dép. le No 7
Courbevoie
la Briche
Fort de la Briche
Havre
Nord
Pont de St Denis
Mairie
l'Ile St Denis
Chatelier
Moulin fidèle
Ouen
dite de la Révolte
Chin de St Ouen
34
l'Usine 1100 Chx
33.922 m
15 Août 593 lit 48
SEINE
Imp. Chaix. Paris

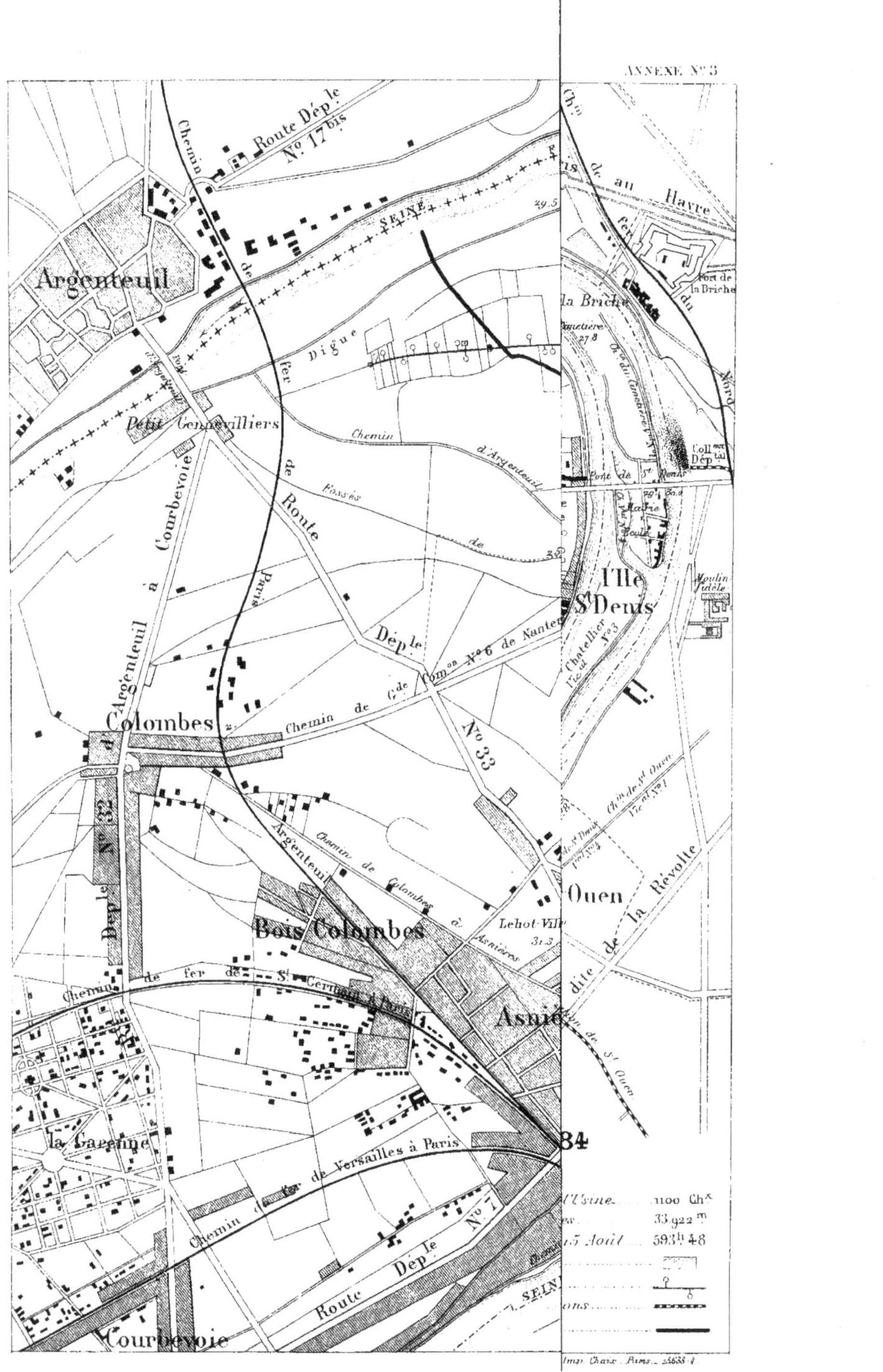

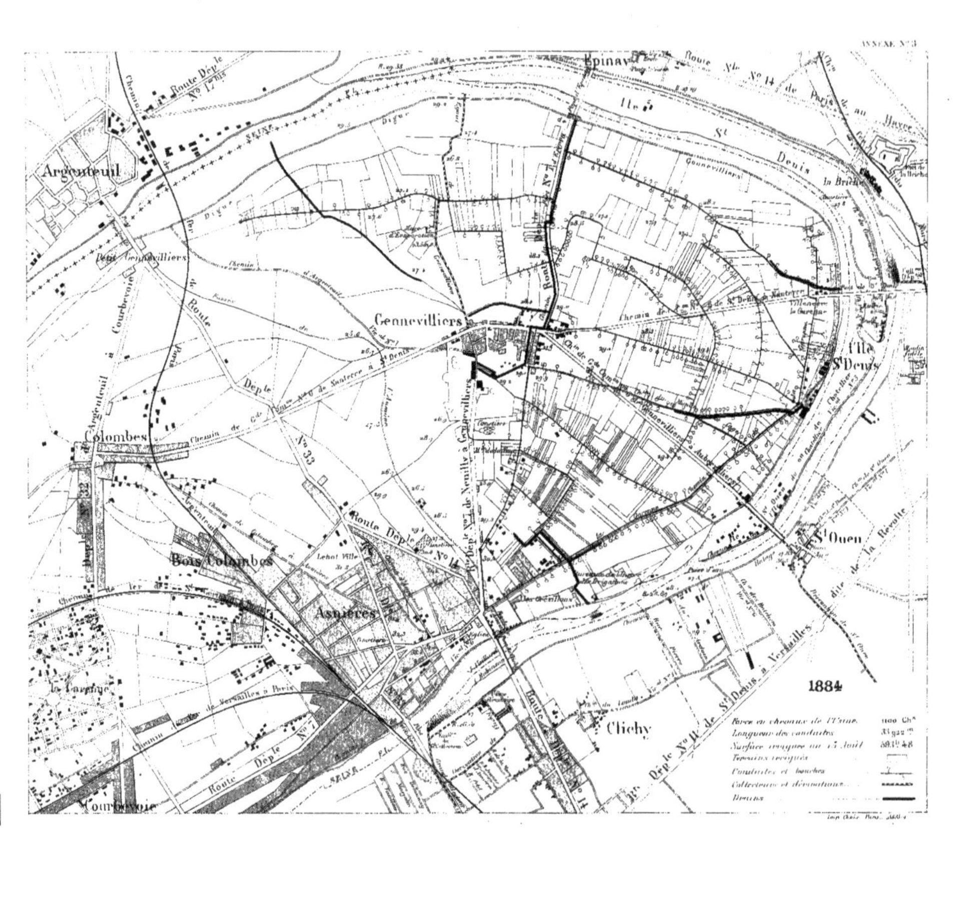

ANNEXE N° 3
Epinay
Argenteuil
Petit Gennevilliers
Gennevilliers
Colombes
Bois Colombes
Asnières
Courbevoie
Clichy
St Ouen
l'Ile St Denis
Ile St Denis
La Briche
Seine
1884

ANNÉES

1870
187
18
187
1880
188
18
18

ANNEXE N° 4

SERVICE

de l'Assainissement de la Seine.

EAUX D'ÉGOUT

Statistique des conduites de la plaine de Gennevilliers

ANNÉES	1m,25	1m00	0m,80	0m,60	0m,45	0m,30	RIGOLES à ciel ouvert	TOTAUX	OBSERVATIONS
1876	3.747,20	1.893,80	1.955,60	9.126,30	3.253 »	115 »	4.419 »	24.509,90	
1877	3.747,20	1.893,80	1.955,60	10.672,10	5.427 »	115 »	4.794,90	27.605,60	
1878	3.747,20	1.893,80	1.955,60	13.853,30	6.611,70	115 »	»	28.176,60	Suppression des rigoles à ciel ouvert.
1879	3.747,20	1.893,50	1.955,60	14.273,30	7.716,70	202,75	»	29.789,35	
1880	3.747,20	1.893,80	1.955,60	15.173 »	9.213	325,75	»	32.308,35	
1881	3.747,20	1.893 80	1.955,60	16.469 »	9.378 »	325,75	»	33.769,35	
1882	3.747 20	1.893,80	1.955,60	16.469	9.378 »	548,75	»	33.992,35	
1883	3.747,20	1.893,80	1.955,60	16.469 »	9.378 »	548,75	»	33.992,35	
	»	»	»	»	»	»		»	

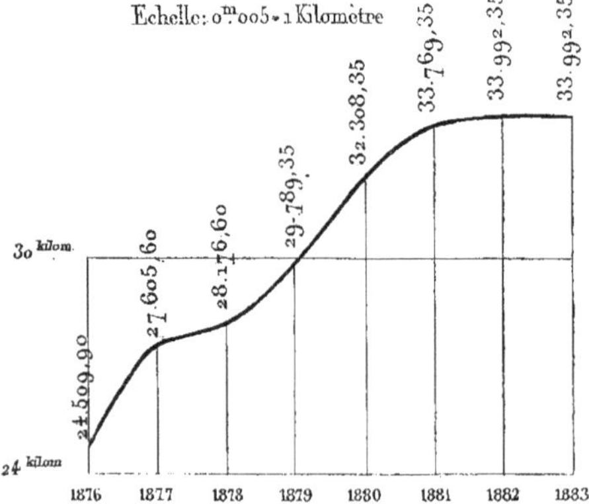

ANNEXE N° **5**

SERVICE

DE

L'ASSAINISSEMENT DE LA SEINE

DÉBITS DES COLLECTEURS DE PARIS

JAUGEAGES MENSUELS

Année 1883

MOIS	COLLECTEUR DE CLICHY — Débit moyen à la seconde — Rive droite (1)	Rive gauche (2)	Ensemble (3)	Débit moyen en 24 heures — Rive droite (4)	Rive gauche (5)	Ensemble (6)	Débit mensuel (7)	PLUIES — Hauteur totale mensuelle en mm (8)	Hauteur moyenne en 24 heures en mm (9)	Hauteur de pluie tombée en mètres cubes sur la surface de Paris — Mensuelle (10)	[illegible] (11)	EAU DISTRIBUÉE — Sources — Débit mensuel (13)	Rivières — Débit moyen par jour (14)	Débit mensuel (15)	Ourcq — Débit moyen par jour (16)	Débit mensuel (17)	Puits artésiens — Débit moyen par jour (18)	Débit mensuel (19)	Total — Débit moyen par jour (20)	Débit mensuel (21)	Total des colonnes 7 et 21 (22)	Rapport des colonnes 7 à 22 (23)	OBSERVATIONS
Janvier	»	»	»	»	»	»	»	60mm,8	[illegible]	5.445.720	175.[illegible]	3.083.828	98.302	3.047.362	124.095	3.865.188	6.034	213.055	360.117	11.101.627	16.089.427	»	D'après un jaugeage fait le 11 février 1882 par le service des égouts, le débit journalier du collecteur départemental à sa sortie de Paris atteint environ 0m3,300 à la seconde ou [illegible] mètres cubes par jour en nombres ronds. Ce chiffre ajouté au chiffre moyen calculé à la colonne 6 pour le collecteur de Clichy donne un cube total par jour de 352.000 mètres cubes d'eau d'égout sortant de Paris par les deux grands collecteurs.
Février	2m3,533	1m3,200	3m3,733	219.287m3,295	103.630,[illegible]	322.920,[illegible]	9.364.730,[illegible]	36,1	1,30	2.520.928	101.[illegible]	3.710.120	115.137	[illegible]	[illegible]	[illegible]	6.022	[illegible]	450.003	10.544.881	13.386.812	[illegible]	
Mars	2, 207	1, 175	[illegible]	190.858, 800	95.259, [illegible]	292.118, 400	9.055.[illegible], 400	20,1	0,65	2.029.728	[illegible]	4.060.035	103.577	[illegible]	130.372	[illegible]	6.917	[illegible]	[illegible]	11.117.[illegible]	15.[illegible]	0,[illegible]	
Avril	2, 321	1, [illegible]	[illegible]	201.[illegible], 200	191.[illegible]	[illegible]	[illegible], 000	30,1	0,67	1.308.592	[illegible]	3.951.[illegible]	121.116	[illegible]	127.[illegible]	3.821.[illegible]	6.534	[illegible]	[illegible]	11.622.[illegible]	[illegible]	0,62	
Mai	2, 237	1, [illegible]	[illegible]	195.705, 800	169.620, [illegible]	[illegible]	[illegible], 500	36,5	1,18	2.847.730	[illegible]	4.082.421	130.037	4.031.137	123.[illegible]	3.814.[illegible]	6.918	[illegible]	[illegible]	12.152.[illegible]	[illegible]	0,63	
Juin	2, 674	1, 277	[illegible]	231.063, 620	110.312, 860	[illegible], 400	10.2[illegible], 000	40,4	1,31	3.058.385	102.[illegible]	4.041.330	111.913	4.237.520	125.352	3.760.580	6.906	[illegible]	[illegible]	12.[illegible]	15.[illegible]	0,67	
Juillet	2, 183	1, [illegible]	[illegible]	187.704, [illegible]	114.912, [illegible]	[illegible]	[illegible], 600	10,5	1,30	[illegible]	92.[illegible]	[illegible]	[illegible]	4.222.[illegible]	125.629	4.030.729	6.88[illegible]	[illegible]	[illegible]	[illegible]	[illegible]	0,57	
Août	2, 915	[illegible]	[illegible]	[illegible]	[illegible]	[illegible]	[illegible]	28,1	0,91	2.[illegible]	[illegible]	[illegible]	[illegible]	[illegible]	[illegible]	[illegible]	[illegible]	[illegible]	[illegible]	[illegible]	[illegible]	0,[illegible]	
Septembre	2, 337	[illegible]	[illegible]	201.[illegible], 360	[illegible]	[illegible], 800	[illegible], 000	[illegible]	[illegible]	6.525.[illegible]	172.[illegible]	[illegible]	127.[illegible]	[illegible]	127.[illegible]	[illegible].040	[illegible]	[illegible]	[illegible]	11.[illegible].120	[illegible]	0,[illegible]	
Octobre	2, 530	1, [illegible]	3, [illegible]	193.512, 650	122.161, [illegible]	[illegible], 200	[illegible]	[illegible]	1,[illegible]	1.812.[illegible]	[illegible]	[illegible]	129.886	[illegible]	[illegible]	2.[illegible]	6.900	[illegible]	[illegible]	[illegible]	[illegible]	0,[illegible]	
Novembre	2, 271	1, [illegible]	3, 375	196.257, 695	112.[illegible]	[illegible], 300	9.[illegible], 000	38,5	1,57	3.763.570	122.[illegible]	4.[illegible]	97.077	2.920.130	143.874	3.[illegible]	6.540	[illegible]	[illegible]	10.[illegible]	11.[illegible]	0,[illegible]	
Décembre	2, [illegible]	1, [illegible]	4, 0[illegible]	201.057, 670	153.[illegible]	[illegible]	10.[illegible]	21,[illegible]	0,[illegible]	1.764.638	[illegible]	[illegible]	96.848	3.001.[illegible]	111.[illegible]	3.[illegible]	6.9[illegible]	[illegible]	[illegible]	10.816.[illegible]	[illegible]	0,[illegible]	
Totaux	»	»	»	»	»	»	106.511.[illegible]	[illegible]	»	36.116.886		48.[illegible]	»	[illegible]	»	[illegible]		2.[illegible]	»	[illegible]	170.[illegible]	»	
Moyennes	2m3,[illegible]	1m3,277	3m3,[illegible]	[illegible]	110.[illegible]	[illegible]	9.682.857,[illegible]	[illegible]	1m/m,[illegible]	3.[illegible]	105.[illegible]	4.0[illegible]	121.[illegible]	[illegible]	119.[illegible]	3.[illegible]	6.9[illegible]	[illegible]	[illegible]	11.488.[illegible]	[illegible]	0,[illegible]	

(1) Crue de la Seine.

DÉBITS JOURNALIERS

ANNEXE N° 5.

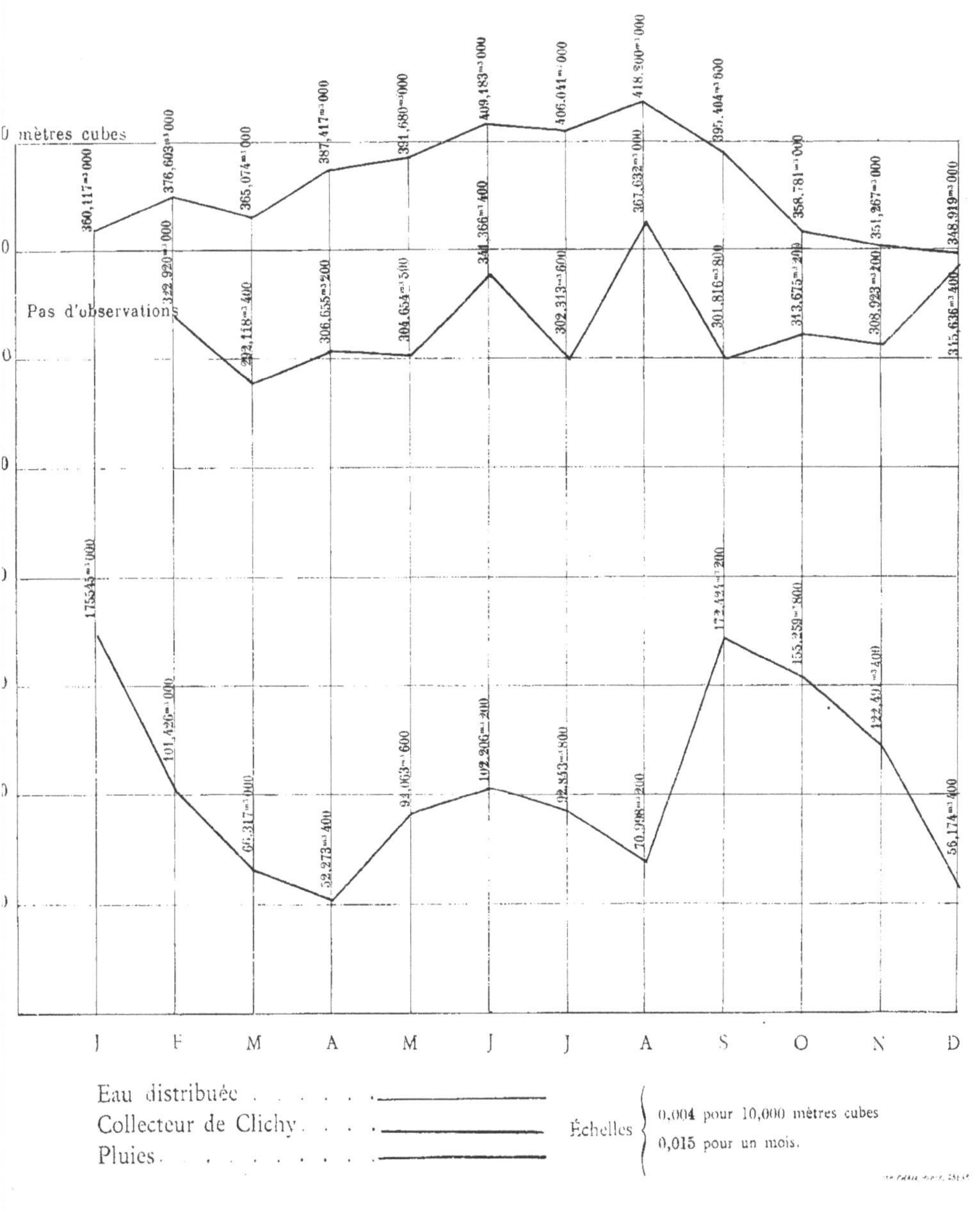

ANNEXE N° 6

SERVICE

DE

L'ASSAINISSEMENT DE LA SEINE

DÉBITS DU COLLECTEUR DE CLICHY

MOYENNES HORAIRES

Année 1883

ANNÉE 1883

MOYENNES HORAIRES

COLLECTEURS	8 h^{res} soir	9 h^{res} soir	10 h^{res} soir	11 h^{res} soir	MINUIT	1 h^{re} matin	2 h^{res} matin	3 h^{res} matin	4 h^{res} matin	5 h^{res} matin	6 h^{res} matin	7 h^{res} matin
Rive droite	2^{mc},725	2^{mc},477	1^{mc},788	1^{mc},799	1^{mc},617	1^{mc},472	1^{mc},239	1^{mc},423	1^{mc},288	1^{mc},440	1^{mc},534	1^{mc},459
Rive gauche	1, 784	1, 861	1, 121	1, 230	1, 015	1, 105	1, 057	0, 898	1, 021	1, 016	0, 965	1, 092
Totaux.	4^{mc},509	4^{mc},338	2^{mc},909	3^{mc},029	2^{mc},632	2^{mc},577	2^{mc},296	2^{mc},321	2^{mc},309	2^{mc},456	2^{mc},499	2^{mc},551
COLLECTEURS	8 h^{res} matin	9 h^{res} matin	10 h^{res} matin	11 h^{res} matin	MIDI	1 h^{re} soir	2 h^{res} soir	3 h^{res} soir	4 h^{res} soir	5 h^{res} soir	6 h^{res} soir	7 h^{res} soir
Rive droite	2^{mc},083	2^{mc},500	3^{mc},344	3^{mc},372	3^{mc},217	3^{mc},469	2^{mc},735	3^{mc},271	3^{mc},213	3^{mc},484	3^{mc},218	3^{mc},469
Rive gauche.	0, 864	1, 002	1, 353	1, 582	1, 673	1, 625	1, 193	1, 476	1, 592	1, 739	1, 919	1, 765
Totaux.	2^{mc},947	3^{mc},502	4^{mc},696	4^{mc},954	4^{mc},890	5^{mc},094	4^{mc},928	4^{mc},747	4^{mc},805	5^{mc},223	5^{m} 137	5^{mc},234

OBSERVATIONS

Dans la courbe ci-jointe, les débits respectifs de chacun des collecteurs sont portés en sens contraire; la courbe du débit total résultant a été obtenue par l'addition des deux ordonnées élémentaires. Elle présente son maximum au point de contact des deux courbes des débits partiels.

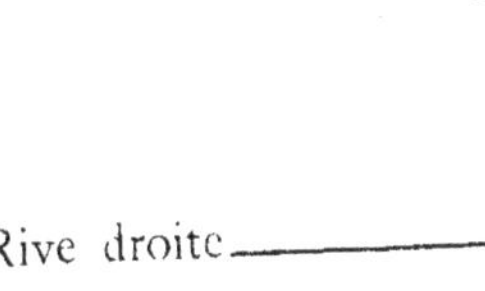

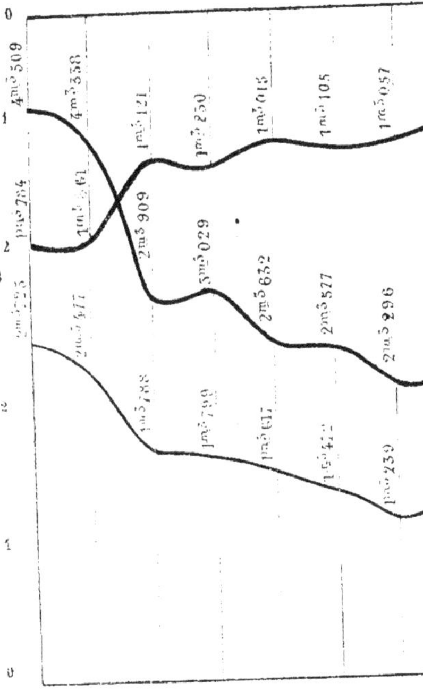

IMP CHAIX PARIS. 25637

DÉBITS HORAIRES MOYENS (Année 1883)

(Échelle de $0^m,02$ pour mètre)

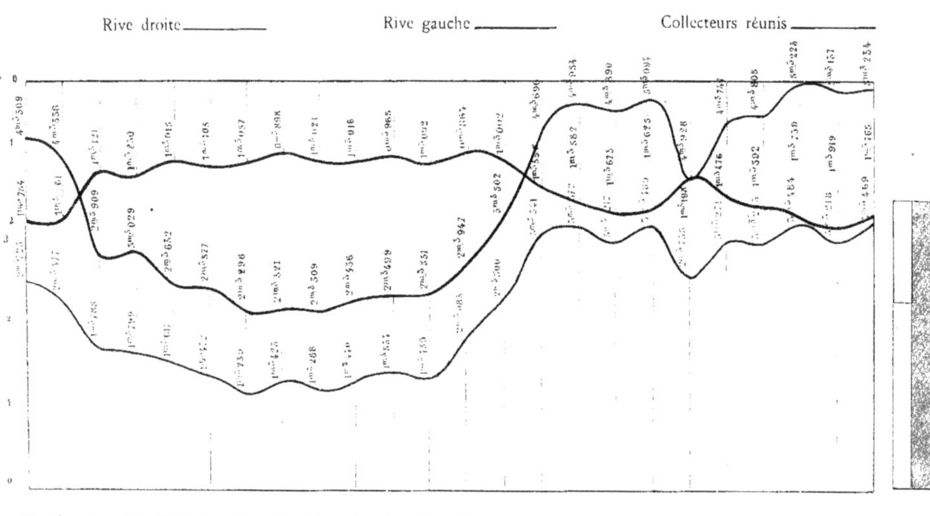

IMP. CHAIX PARIS. 25637

DE

ANNEXE N° 7

SERVICE

DE

L'ASSAINISSEMENT DE LA SEINE

COMPOSITION CHIMIQUE

DES EAUX D'ÉGOUT ET COURBES

Année 1883

MOIS	MATIÈRES VOLATILES OU COMBUSTIBLES			MATIÈRES MINÉRALES						TOTAL GÉNÉRAL	OBSERVATIONS
	AZOTE	AUTRES PRODUITS	TOTAL PARTIEL	RÉSIDU INSOLUBLE DANS LES ACIDES	CHAUX	ACIDE PHOSPHORIQUE	POTASSE	PRODUITS NON DOSÉS	TOTAL PARTIEL		
COLLECTEUR DE CLICHY											
Eau d'égout naturelle.											
Janvier	0,025	0,830	0,855	1,345	0,170	0,046	0,017	0,417	2,265	3,120	
Février	0,025	1,251	1,276	0,970	0,405	0,013	0,020	0,356	1,764	3,040	
Mars	0,029	0,502	0,531	0,198	0,252	0,007	0,014	0,235	0,706	1,237	
Avril	0,011	0,150	0,161	0,114	0,223	0,007	0,017	0,239	0,704	1,365	
Mai	0,028	0,515	0,543	0,736	0,332	0,010	0,018	0,469	1,565	2,108	
Juin	0,014	0,306	0,320	0,956	0,389	0,010	0,024	0,541	1,870	2,190	
Juillet	0,022	0,447	0,469	0,040	0,290	0,005	0,019	0,434	1,117	1,586	
Août	0,028	0,138	0,166	0,403	0,228	0,009	0,020	0,278	0,938	1,104	
Septembre	0,003	0,121	0,124	0,502	0,275	0,010	0,018	0,274	1,070	1,530	
Octobre	0,029	0,555	0,584	0,623	0,287	0,009	0,018	0,338	1,275	1,859	
Novembre	0,026	0,449	0,475	0,500	0,264	0,008	0,017	0,280	1,078	1,553	
Décembre	0,030	0,499	0,529	0,404	0,290	0,007	0,018	0,298	1,127	1,656	
Moyennes	0,024	0,557	0,581	0,579	0,305	0,010	0,019	0,342	1,255	1,976	
Eau filtrée.											
Janvier	0,016	0,173	0,189	0,298	0,117	0,004	0,016	0,235	0,617	0,806	
Février	0,013	0,102	0,115	0,184	0,111	0,001	0,014	0,206	0,513	0,628	
Mars	0,010	0,127	0,137	0,141	0,112	»	0,012	0,201	0,466	0,603	
Avril	0,010	0,116	0,126	0,172	0,114	0,001	0,015	0,245	0,547	0,673	
Mai	0,012	0,152	0,164	0,139	0,112	0,004	0,019	0,253	0,584	0,748	
Juin	0,012	0,173	0,185	0,207	0,099	0,001	0,021	0,238	0,566	0,751	
Juillet	0,015	0,147	0,162	0,168	0,107	0,004	0,019	0,250	0,545	0,707	
Août	0,015	0,116	0,131	0,090	0,096	0,001	0,014	0,160	0,360	0,491	
Septembre	0,015	0,132	0,147	0,115	0,114	0,001	0,017	0,243	0,490	0,637	
Octobre	0,021	0,184	0,205	0,102	0,059	0,001	0,018	0,278	0,543	0,753	
Novembre	0,017	0,164	0,181	0,176	0,100	0,004	0,017	0,212	0,514	0,695	
Décembre	0,013	0,115	0,128	0,126	0,093	[illegible]	0,017	0,218	0,454	0,581	
COLLECTEUR DE SAINT-OUEN											
Eau d'égout naturelle.											
Janvier	0,023	1,029	1,052	1,112	0,437	0,040	0,033	0,484	2,081	3,133	
Février	0,031	0,818	0,849	0,860	0,337	0,043	0,030	0,446	1,666	2,533	
Mars	0,042	0,723	0,765	0,613	0,280	0,000	0,035	0,427	1,361	2,126	
Avril	0,031	0,782	0,813	0,602	0,322	0,013	0,035	0,462	1,334	2,147	
Mai	0,027	0,657	0,684	0,750	0,352	0,003	0,023	0,527	1,651	2,335	
Juin	0,015	0,400	0,415	0,993	0,240	0,018	0,039	0,705	2,148	2,563	
Juillet	0,028	0,558	0,586	0,651	0,385	0,006	0,029	0,710	1,797	2,383	
Août	0,059	0,654	0,713	0,361	0,288	0,012	0,039	0,458	1,358	2,060	
Septembre	0,045	0,673	0,718	0,673	0,283	0,011	0,036	0,418	1,421	2,139	
Octobre	0,049	0,762	0,811	0,703	0,332	0,015	0,041	0,500	1,671	2,482	
Novembre	0,069	0,932	1,011	1,006	0,458	0,022	0,034	0,532	2,112	3,123	
Décembre	0,050	0,904	0,954	0,896	0,332	0,010	0,031	0,357	1,632	2,586	
Moyennes	0,037	0,744	0,781	0,800	0,350	0,013	0,033	0,502	1,688	2,469	
Eau filtrée.											
Janvier	0,024	0,313	0,337	0,417	0,116	0,004	0,033	0,301	0,988	1,325	
Février	0,021	0,233	0,254	0,390	0,116	0,002	0,027	0,344	0,919	1,173	
Mars	0,023	0,324	0,347	0,456	0,100	0,001	0,038	0,410	1,065	1,412	
Avril	0,021	0,255	0,276	0,415	0,120	0,001	0,031	0,306	0,915	1,191	
Mai	0,019	0,199	0,218	0,260	0,086	0,004	0,019	0,218	0,584	0,802	
Juin	0,013	0,279	0,292	0,424	0,113	0,001	0,034	0,345	0,914	1,206	
Juillet	0,021	0,249	0,270	0,370	0,142	0,001	0,023	0,421	0,957	1,227	
Août	0,025	0,234	0,259	0,290	0,103	0,001	0,047	0,407	0,848	1,117	
Septembre	0,026	0,327	0,353	0,361	0,128	0,001	0,035	0,378	0,903	1,256	
Octobre	0,028	0,297	0,325	0,369	0,131	0,001	0,031	0,358	0,890	1,215	
Novembre	0,028	0,304	0,332	0,374	0,141	0,001	0,034	0,361	0,911	1,243	
Décembre	0,024	0,240	0,264	0,388	0,122	»	0,029	0,312	0,851	1,115	
Moyennes	0,022	0,272	0,294	0,386	0,120	0,001	0,041	0,352	0,899	1,193	

NEXE N° 7

MATIÈRES

int-Ouen. — Eau naturelle totale

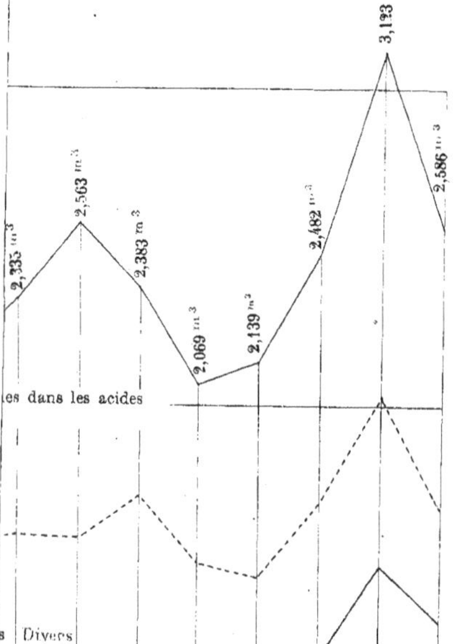

cide phosphorique

aux

zote

tasse

atiè

atiè

MATIÈRES CONTENUES DANS 1m³,00 D'EAU D'ÉGOUT

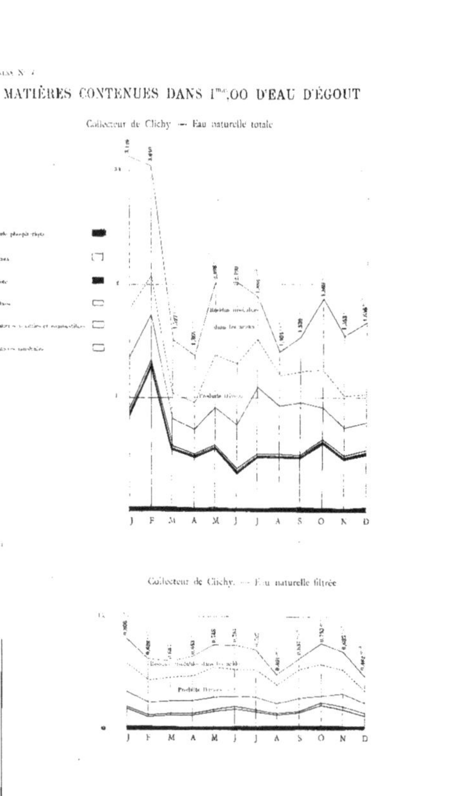

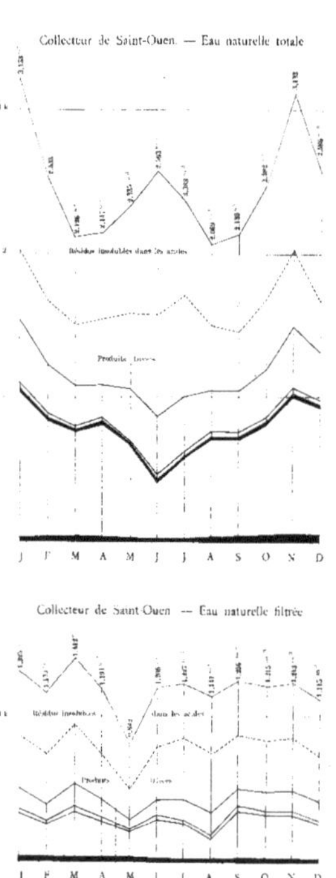

ANNEXE N° 8

SERVICE

DE

L'ASSAINISSEMENT DE LA SEINE

TEMPÉRATURES

MOYENNES MENSUELLES

Année 1883

TEMPÉRATURES

MOYENNES MENSUELLES

1883.

MOIS	SEINE	ÉGOUT	AIR
Janvier	5°5	7°7	4°01
Février	6°5	7°9	5°4
Mars	»	»	»
Avril	10°85	10°73	10°13
Mai	15°9	13°75	15°46
Juin	19°76	16°15	18°10
Juillet	19°80	16°76	18°29
Août	19°47	16°96	18°72
Septembre	16°83	15°39	14°95
Octobre	10°05	11°13	9°26
Novembre	7°71	9°64	6°74
Décembre	4°6	7°44	4°76
Moyennes	12°45	12°44	11°43

TEMPÉRATURES

Moyennes Mensuelles

1883

LÉGENDE :

Seine..............

Égout..............

Air..............

Échelle : 0m,005 = 1 degré

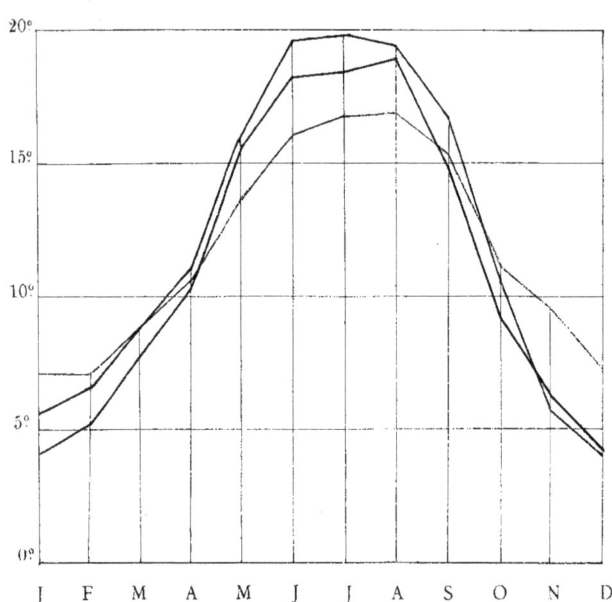

IMP. PARIS 2956

ANNEXE N° 9

SERVICE

de l'Assainissement de la Seine.

EAUX D'ÉGOUT

Eau déversée dans la Plaine de Gennevilliers.

ANNÉES	EAU AMENÉE par la DÉRIVATION de Saint-Ouen.	EAU ÉLEVÉE par les MACHINES de Clichy.	TOTAL	MAXIMUM	MINIMUM	OBSERVATIONS
	m. c.	m. c.	m. c.	m. c.	m. c.	
1872	»	1.765.621	1.765.621	Juin.. 347.315	Novemb. 112.290	Le service n'a été fait que du 1er mai au 1er nov.
1873	4.750.643	2.462.285	7.212.928	Octob. 983.122	Janvier. 47.385	
1874	2.718.873	4.359.656	7.078.529	Juillet. 922.248	Décemb. 224.240	
1875	2.232.832	3.162.179	5.395.011	Mai... 654.654	Février. 198.545	
1876	6.804.685	3.856.539	10.661.224	Août.. 1.346.373	Mars.... 254.232	
1877	4.554.932	7.202.017	11.756.949	Août.. 1.747.626	Mars.... »	
1878	3.630.760	6.912.095	10.542.855	Juillet. 2.024.583	Nov.-déc. »	Arrêt de novembre 1878 à mars 1879.
1879	3.744.315	6.695.776	10.440.091	Août.. 1.953.521	Janv.-fév. »	
1880	6.502.534	8.538.111	15.040.645	Mai... 2.366.000	Janvier. 363.204	
1881	10.323.036	8.343.612	18.666.648	Mai... 2.715.697	Sept.... 445.118	
1882	8.726.611	10.261.755	18.988.366	Juin.. 2.636.031	Décemb. 416.444	
1883	7.565.027	10.033.389	17.598.416	Mai... 2.155.629	Janvier. 182.974	
TOTAUX.	61.554.248	73.593.035	135.147.283			

EAU DÉVERSÉE DANS LA PLAINE DE GENNEVILLIERS

Pendant les Années 1872 à 1883

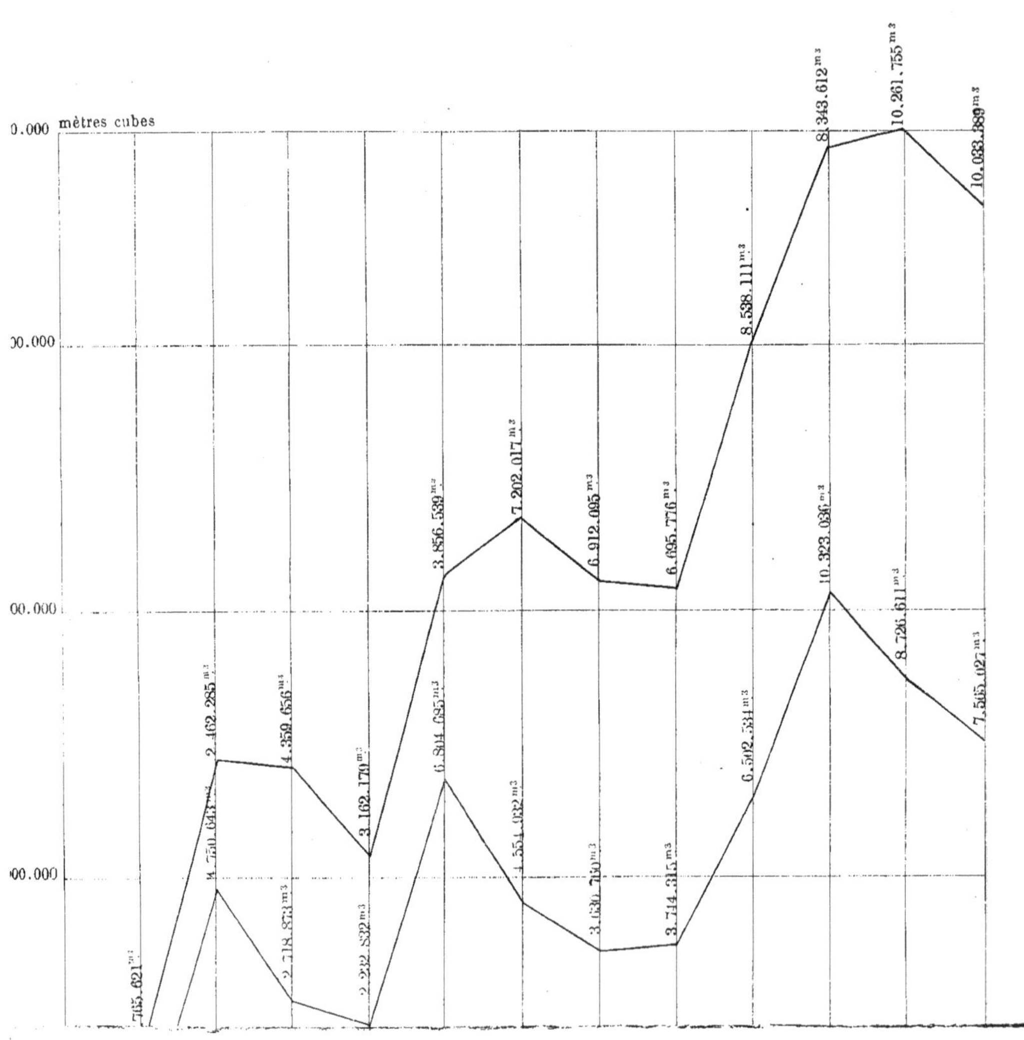

EAU DÉVERSÉE DANS LA PLAINE DE GENNEVILLIERS

Pendant les Années 1872 à 1883

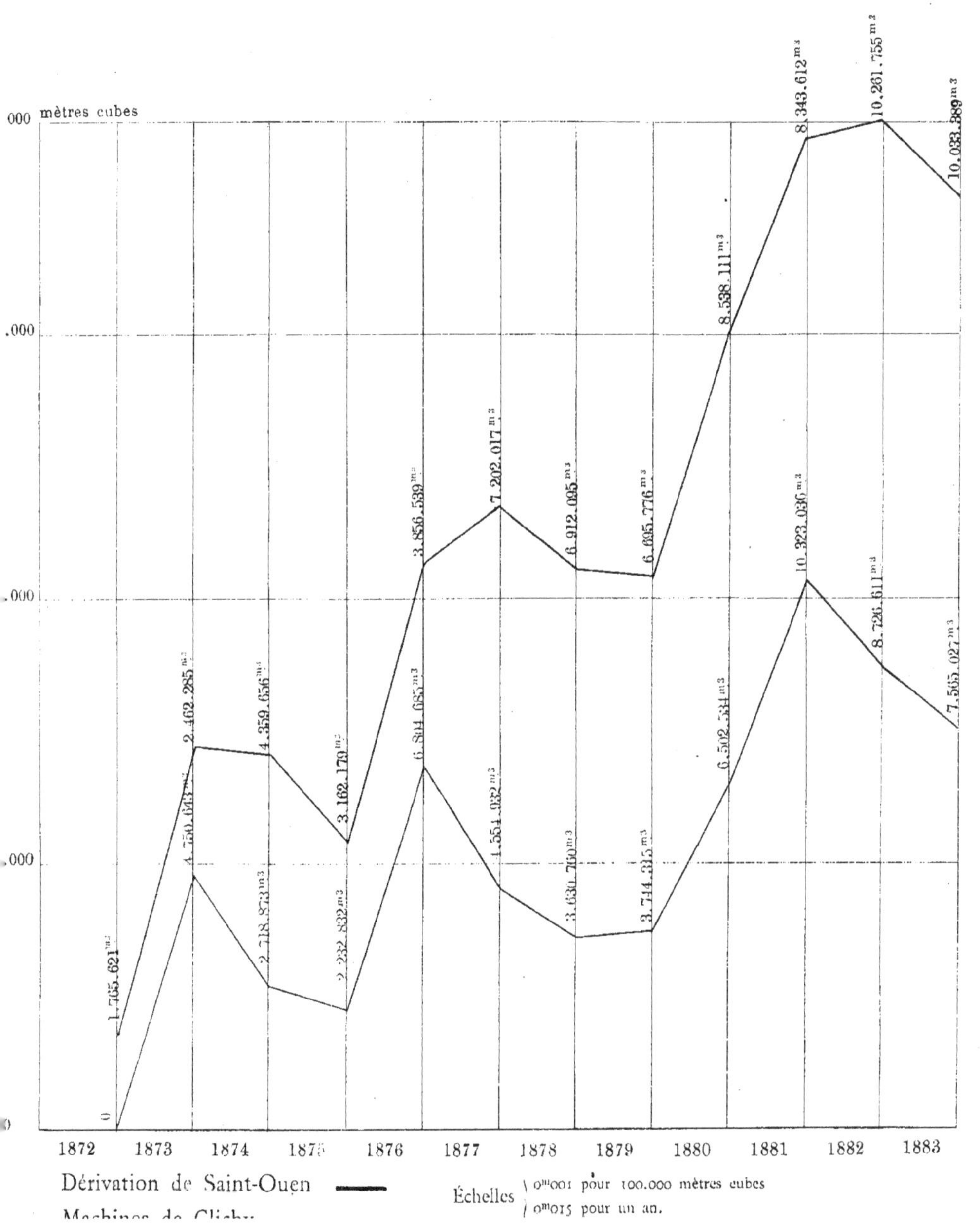

ANNEXE N° 10

SERVICE

de l'Assainissement de la Seine.

Eau distribuée mensuellement dans la Plaine de Gennevilliers

pendant l'année 1883.

MOIS	MACHINES		DÉRIVATᵒⁿ DE ST-OUEN		ENSEMBLE		OBSERVATIONS
	JOURS de MARCHE	CUBE ÉLEVÉ	JOURS de MARCHE	CUBE DÉVERSÉ	JOURS de MARCHE	CUBE DISTRIBUÉ	
Janvier	»	»	5	182.973mc,60	5	182.973mc,60	Arrêt des machines. Crue de la Seine. Temps pluvieux.
Février . . .	2	38.275mc,20	19	965.051, 28	19	1.003.326, 48	La dérivation a suffi pour le service des irrigations.
Mars	15	717.738, 20	8	418.682, 80	15	1.136.421 »	Service restreint par suite de pluies.
Avril.	24	1.045.592 »	21	1.093.485, 40	24	2.139 077, 40	Service régulier.
Mai.	25	1.545.518, 20	19	610.110 »	25	2.155.628, 20	Id.
Juin	24	1.222.151 »	22	655.087, 60	24	1.877.238, 60	Id.
Juillet	25	1.229.035 »	23	598.795, 20	25	1.827.830, 20	Id.
Août	26	1.551.538, 50	22	669.794, 40	26	2.221.332, 90	Id.
Septembre . .	22	946.499, 20	18	510.084 »	22	1.456.583, 20	Id.
Octobre. . . .	24	568.441, 80	16	437.688 »	24	1.006.129, 80	Id.
Novembre. . .	25	949.105, 20	20	624.463, 20	25	1.573.568, 40	Id.
Décembre. . .	11	219.494, 60	24	798.811, 20	24	1.018.305, 80	Arrêt des machines pour l'installation des conduites de déversement en Seine.
	223	10.033.388mc,90	217	7.565.026mc,68	258	17.598.415mc,58	

EAU DISTRIBUÉE MENSUELLEMENT DANS LA PLAINE DE GENNEVILLIERS PENDANT L'ANNÉE 1883.

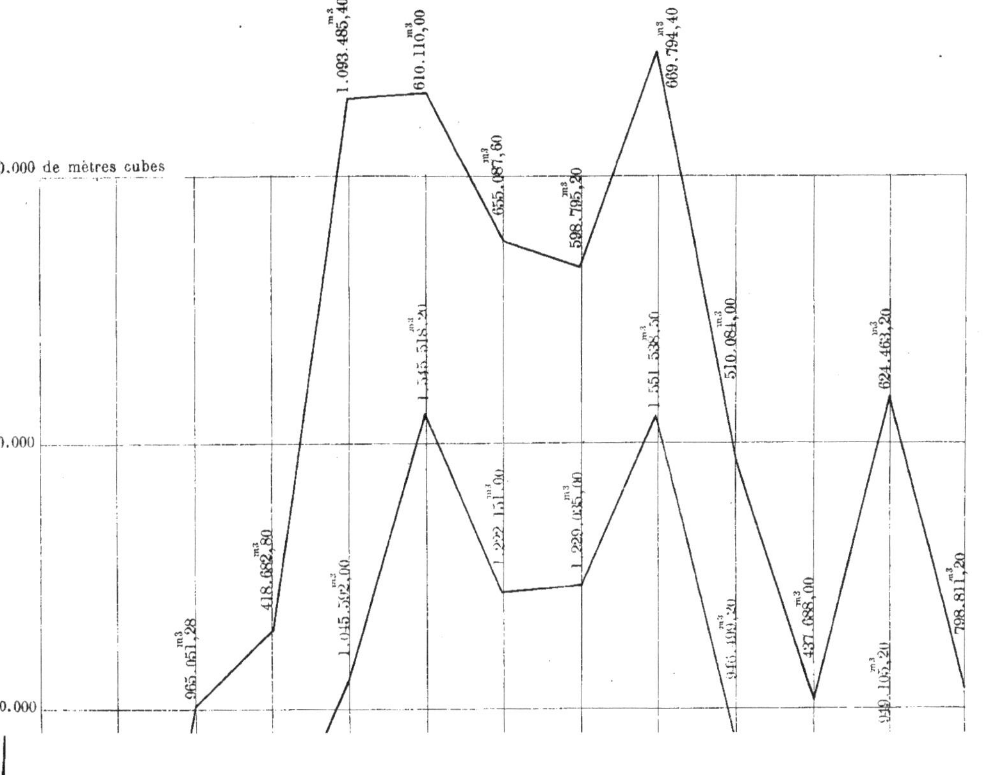

EAU DISTRIBUÉE MENSUELLEMENT DANS LA PLAINE DE GENNEVILLIERS PENDANT L'ANNÉE 1883.

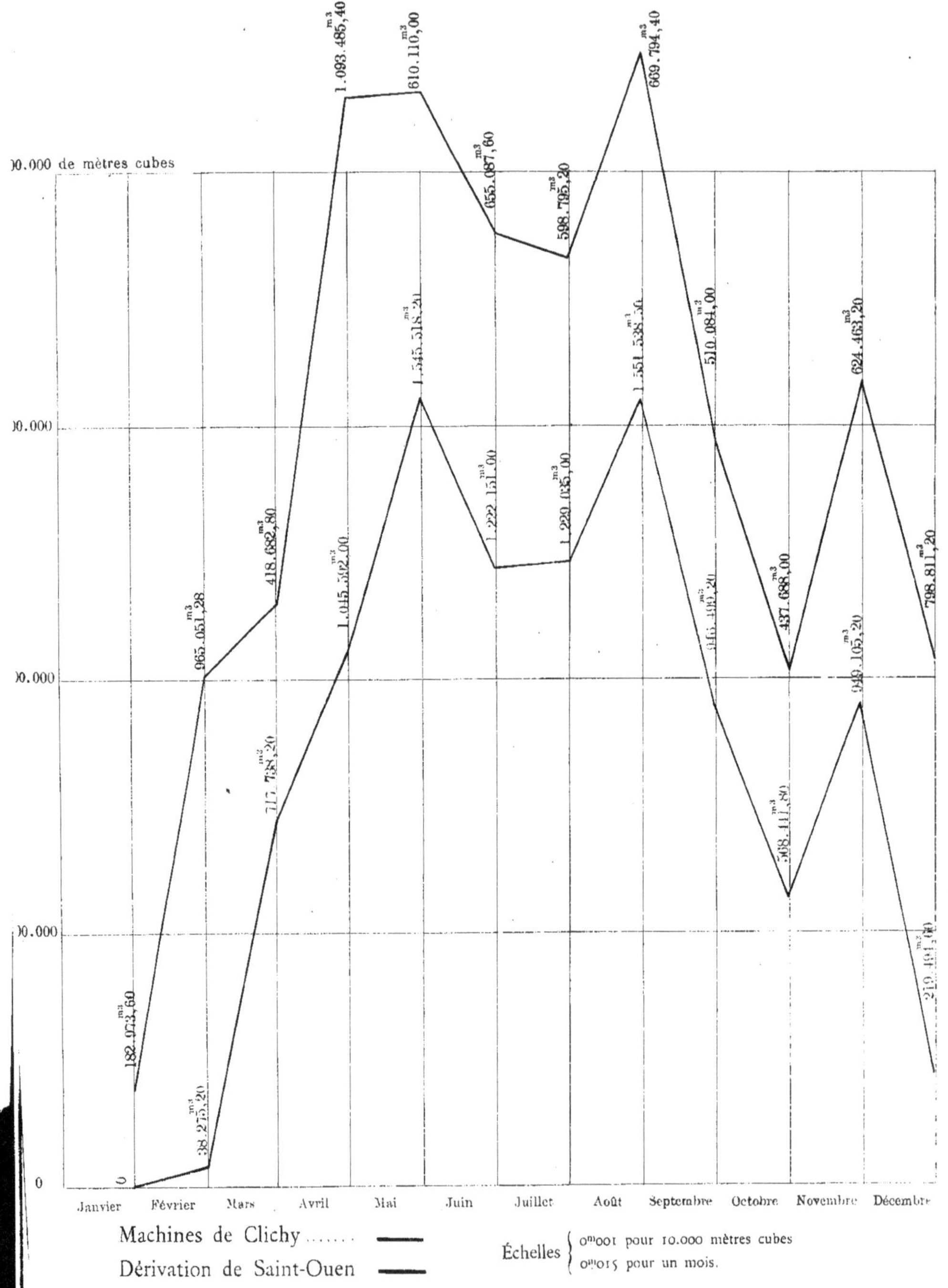

ANNEXE N° 11

SERVICE

DE

L'ASSAINISSEMENT DE LA SEINE

TYPES DE BOUCHES DE DISTRIBUTION

ET DE

TERRAINS IRRIGUÉS

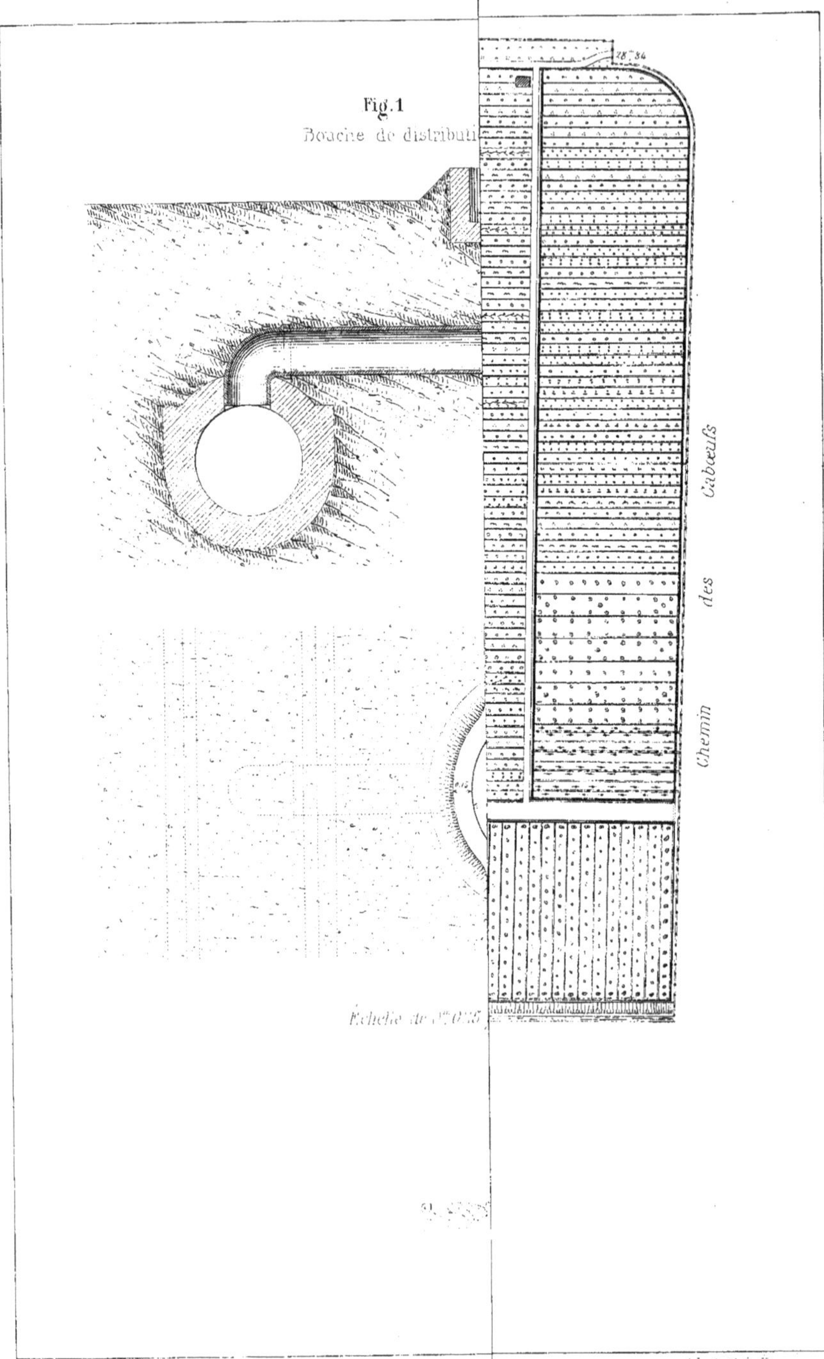
Fig.1
Bouche de distributi
Chemin des Cabœufs

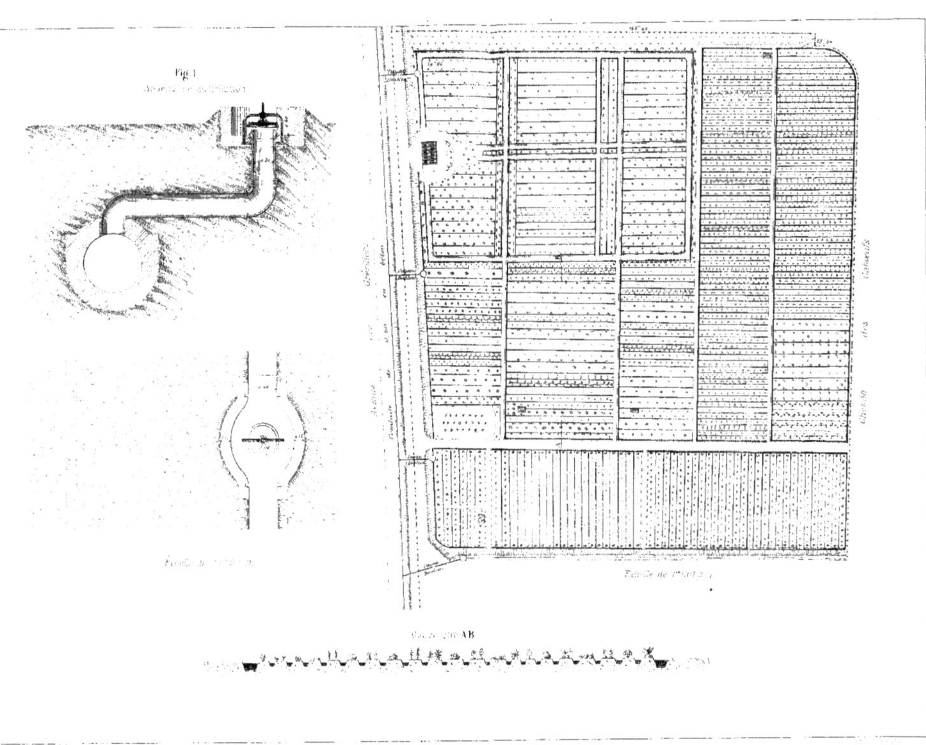

ANNEXE N° **12**

SERVICE

de l'Assainissement de la Seine

EAUX D'ÉGOUT

Progression des surfaces irriguées dans la plaine de Gennevilliers depuis le commencement des irrigations.

ANNÉES	SURFACES IRRIGUÉES	OBSERVATIONS
	hect. cent.	
1872	51,1752	Superficie au 31 décembre.
1873	88,3542	Id.
1874	121,5567	Id.
1875	199,2536	Id.
1876	295,2584	Id.
1877	357,1365	Id.
1878	379,2242	Id.
1879	398,7158	Id.
1880	450,6992	Id.
1881	492,1965	Id.
1882	544,1216	Id.
1883	572,0031	Id.

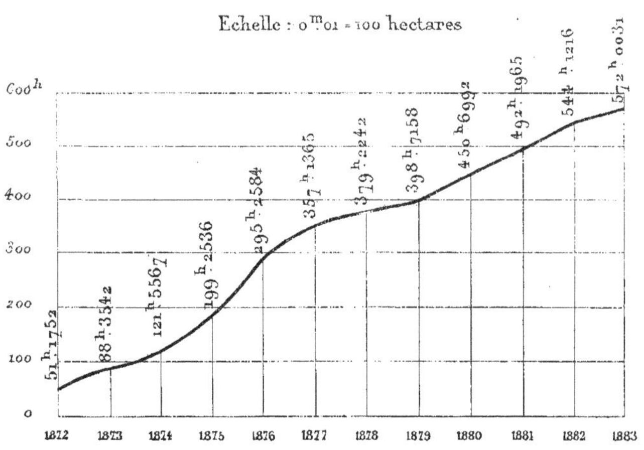

ANNEXE N° 13

SERVICE

DE

L'ASSAINISSEMENT DE LA SEINE

COURBES

DES

HAUTEURS DE LA SEINE

ET DE LA

NAPPE SOUTERRAINE

HAUTEURS DE LA NAPPE SOUTERRAINE ET DE LA SEINE

DATES	PUITS de GENNEVILLIERS	PUITS DE HOUILLES		PUITS D'ACHÈRES			HAUTEURS de la SEINE	OBSERVATIONS
		JACQUET	ROMAIN	TÉLÉGRAPHE	RUE COFFINIÈRES à l'angle D'UNE RUELLE	RUE COFFINIÈRES au bout DE LA RUE		
1er Janvier 1883 .	26m,75	27m,767	29m,089	21m,971	21m,963	21m,781	27m,96	
15 — . . .	27 »	27, 897	29, 259	22, 491	22, 373	22, 301	26, 30	
1er Février. . . .	26, 89	27, 817	28, 939	22, 671	22, 573	22, 321	25, 76	
15 — . . .	26, 81	28, 387	30, 419	22, 691	22, 593	21, 620	25, 08	
1er Mars.	26, 66	28, 817	30, 249	22, 731	22, 633	22, 081	24, 68	
15 — . . .	26, 50	28, 787	30, 209	22, 751	22, 613	21, 961	24, 22	
1er Avril.	26, 43	28, 597	30, 199	22, 671	22, 573	21, 811	24, 44	
15 — . . .	26, 36	28, 477	30, 089	22, 751	22, 503	21, 641	23, 97	
1er Mai	26, 36	28, 427	30, 059	22, 551	22, 393	21, 481	24, 07	
15 — . . .	26, 33	28, 417	30, 039	22, 431	22, 263	21, 361	24, 33	
1er Juin.	26, 50	27, 307	30, 029	22, 211	22, 053	21, 171	23, 94	
15 — . . .	26, 68	27, 117	29, 959	22, 211	22, 093	21, 001	24, 19	
1er Juillet. . . .	26, 25	26, 987	29, 929	22, 111	21, 933	20, 901	23, 94	
15 — . . .	26, 45	26, 917	29, 919	22, 031	21, 878	20, 771	24 »	
1er Août.	26, 55	26, 307	29, 619	21, 931	21, 773	20, 671	23, 84	
15 — . . .	26, 45	26, 227	29, 549	21, 831	21, 703	20, 571	24, 07	
1er Septembre . .	26, 50	26, 027	29, 189	21, 721	21, 593	20, 470	23, 90	
15 — . . .	26, 50	25, 947	28, 979	21, 631	21, 513	20, 371	23, 94	
1er Octobre . . .	26, 40	25, 947	28, 933	21, 451	21, 413	20, 281	23, 93	
15 — . . .	26, 25	25, 857	28, 919	21, 461	21, 343	20, 261	24, 20	
1er Novembre . .	26, 05	25, 907	28, 879	21, 430	21, 293	20, 341	24, 26	
15 — . . .	26, 45	25, 967	28, 899	21, 431	21, 323	20, 411	25, 05	
1er Décembre . .	26, 45	26, 077	28, 879	21, 431	21, 333	20, 511	25, 27	
15 — . . .	26, 35	26, 277	28, 949	21, 531	21, 423	20, 701	25, 85	
1er Janvier 1884 .	26, 25	26, 447	29, 059	21, 641	21, 503	20, 901	24, 95	
MOYENNES. . .	26m,49	27m,148	29m,529	22m,070	21m,940	21m,107	24m,76	

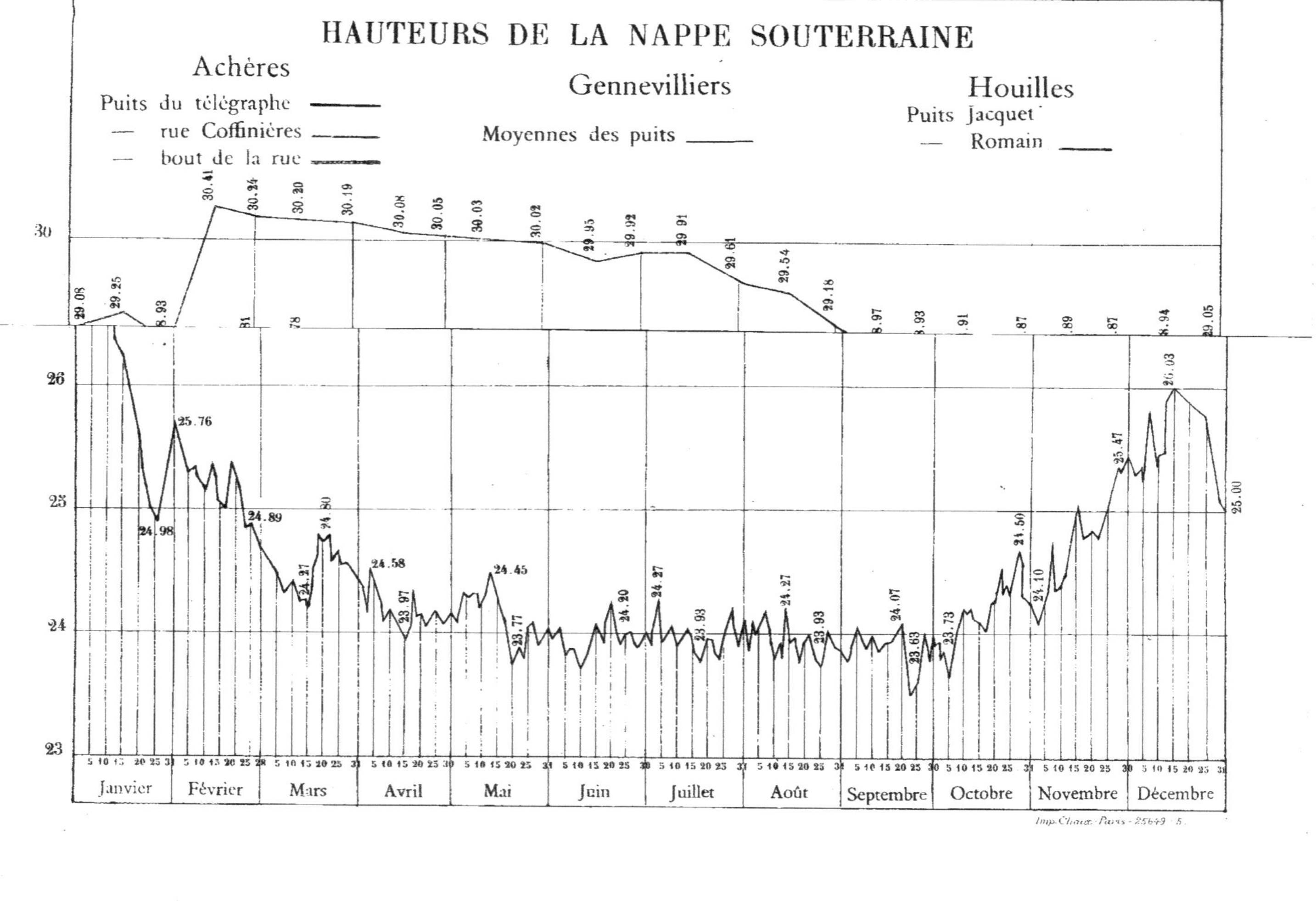
HAUTEURS DE LA NAPPE SOUTERRAINE
Achères
Puits du télégraphe
— rue Coffinières
— bout de la rue
Gennevilliers
Moyennes des puits
Houilles
Puits Jacquet
— Romain
30
26
25
24
23
Janvier
Février
Mars
Avril
Mai
Juin
Juillet
Août
Septembre
Octobre
Novembre
Décembre
Imp. Chaix - Paris - 25649 - 5.

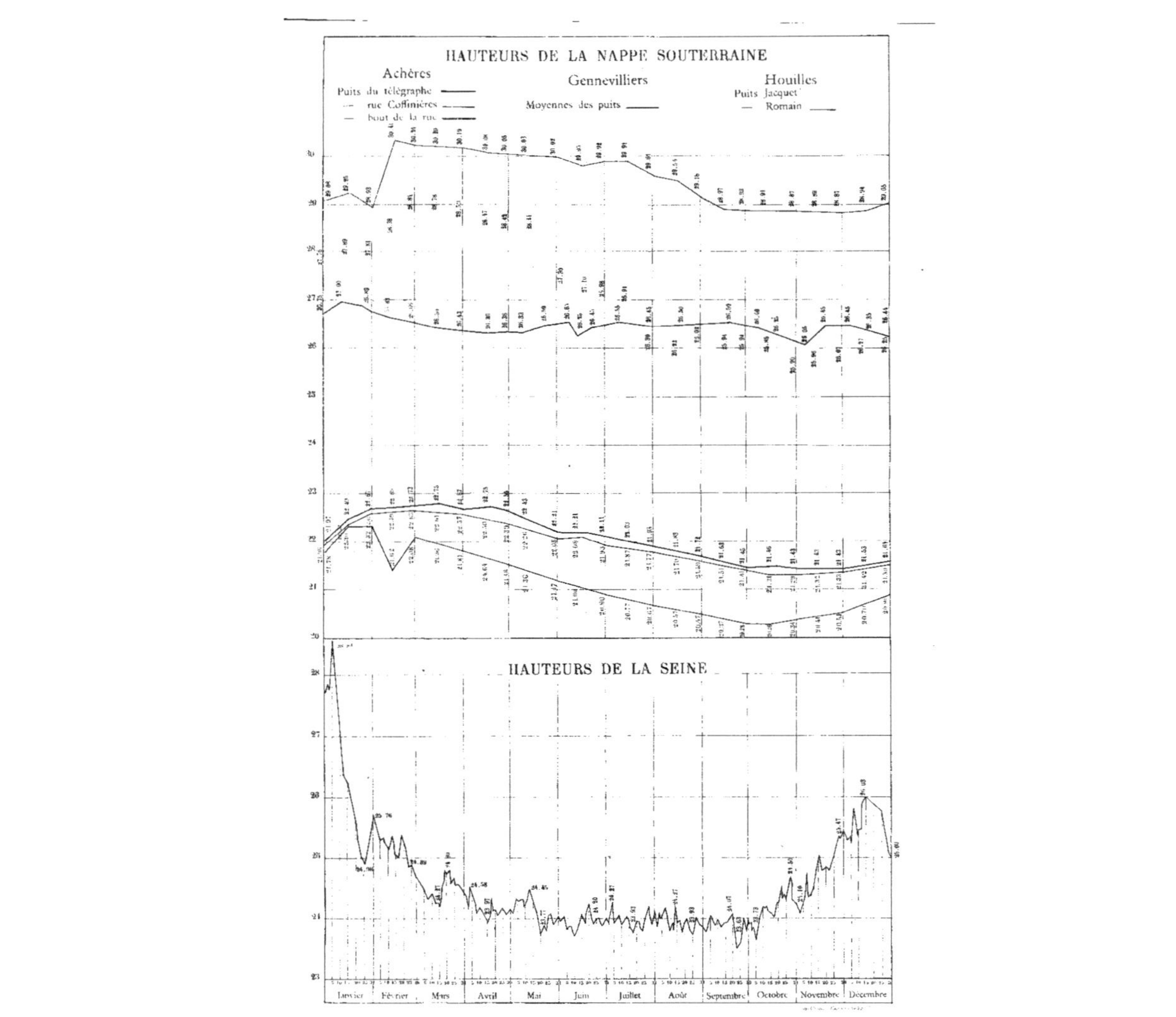
HAUTEURS DE LA NAPPE SOUTERRAINE
Achères
Puits du télégraphe
— rue Coffinières
— bout de la rue
Gennevilliers
Moyennes des puits
Houilles
Puits Jacquet
— Romain
HAUTEURS DE LA SEINE
Janvier
Février
Mars
Avril
Mai
Juin
Juillet
Août
Septembre
Octobre
Novembre
Décembre

ANNEXE N° 14

SERVICE

DE

L'ASSAINISSEMENT DE LA SEINE

DRAINS

DÉBITS EN 1883

DRAINbits en 1883.

MOIS	GRÉSILLONS		MOULIN DE CAGE		PÉAGE		CEINTURE ou d'ÉPINAY		BURONS (1)		TOTAL		OBSERVATIONS
	DÉBIT MOYEN par 24 heures	DÉBIT MENSUEL	DÉBIT MOYEN par 24 heures	DÉBIT MENSUEL	DÉBIT MOYEN par 24 heures	DÉBIT MENSUEL	DÉBIT MOYEN par 24 heures	DÉBIT MENSUEL	DÉBIT MOYEN par 24 heures	DÉBIT MENSUEL	DÉBIT MOYEN par 24 heures	DÉBIT MENSUEL	
Janvier							»				»	»	Crue de la Seine.
Février	»		»	»	»	»	»	»	»	»	»	»	Id. Id.
Mars	7.309mc440	226.592mc600	2.852mc236	88.419mc310	814mc147	25.238m…	7.010mc841	217.336mc071	»	»	17.986mc604	557.586mc514	
Avril	6.912 ,364	207.385 ,920	3.423 ,035	93.691 ,050	1.074 ,719	32.241 ,…	4.921 ,508	147.631 ,740	»	»	16.032 ,126	480.950 ,280	
Mai	8.073 ,338	250.273 ,478	3.867 ,313	119.887 ,633	1.208 ,390	37.460 ,…	5.809 ,560	180.096 ,300		»	18.958 ,031	587.717 ,501	
Juin	10.204 ,324	306.129 ,660	4.411 ,169	132.335 ,070	1.055 ,358	31.660 ,…	5.951 ,594	178.547 ,820	»	»	21.622 ,443	648.673 ,290	
Juillet	9.367 ,138	290.392 ,128	4.076 ,937	126.385 ,067	1.298 ,124	40.241 ,…	5.089 ,268	157.767 ,308	»	»	19.831 ,837	614.786 ,947	
Août	9.498 ,634	294.457 ,634	4.127 ,655	127.967 ,305	1.439 ,087	44.611 ,…	4.827 ,602	149.655 ,662		»	19.892 ,978	616.692 ,318	
Septembre	7.191 ,230	215.736 ,900	3.910 ,389	117.311 ,670	1.251 ,313	37.539 ,…	4.713 ,141	141.394 ,230	»	»	17.066 ,073	511.982 ,190	
Octobre	6.661 ,440	206.504 ,640	2.630 ,880	81.557 ,280	505 ,440	15.668 ,…	2.382 ,059	73.849 ,829	»	»	12.179 ,819	377.580 ,589	
Novembre	7.752 ,672	232.580 ,160	3.323 ,073	99.692 ,100	470 ,558	14.117 ,…	5.807 ,894	174.236 ,820	»	»	17.354 ,197	520.626 ,810	
Décembre	»	»	»	»	»	»	»	»	»	»	»		Crue de la Seine.
Totaux	»	2.230.053mc140	»	987.247mc181		278.780…	»	1.420.515mc85…	»	»		4.916.596mc329	(1) Le drain du Buron n'a été terminé qu'à la fin de l'année 1883.
Moyennes	8.107mc93…	217.782mc682	3.591mc526	109.694mc131	1.013mc015	30.975	5.168mc161	157.835mc093		»	17.880 ,530	546.288mc181	

Débit moyen par 24 heures.

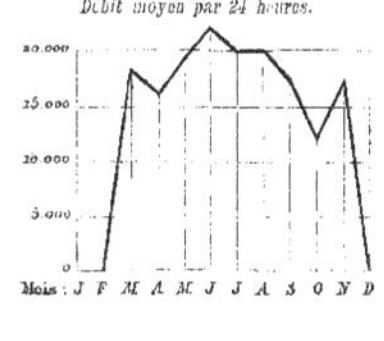

Débits totaux par mois.

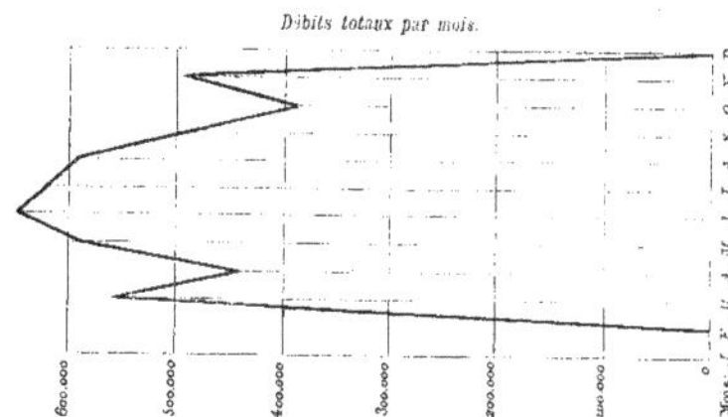

ANNEXE N° 15

SERVICE

DE

L'ASSAINISSEMENT DE LA SEINE

DRAINAGE

COMPARAISON ENTRE LES HAUTEURS DE LA NAPPE SOUTERRAINE

AVANT ET APRÈS L'EXÉCUTION DES DRAINS

NAPPE SOUTERRAINE DE LA PLAINE DE GENNEVILLIERS

Comparaison des hauteurs de la nappe depuis 1873

—— Hauteur moyenne 1873-1878

—— — 1879-1883

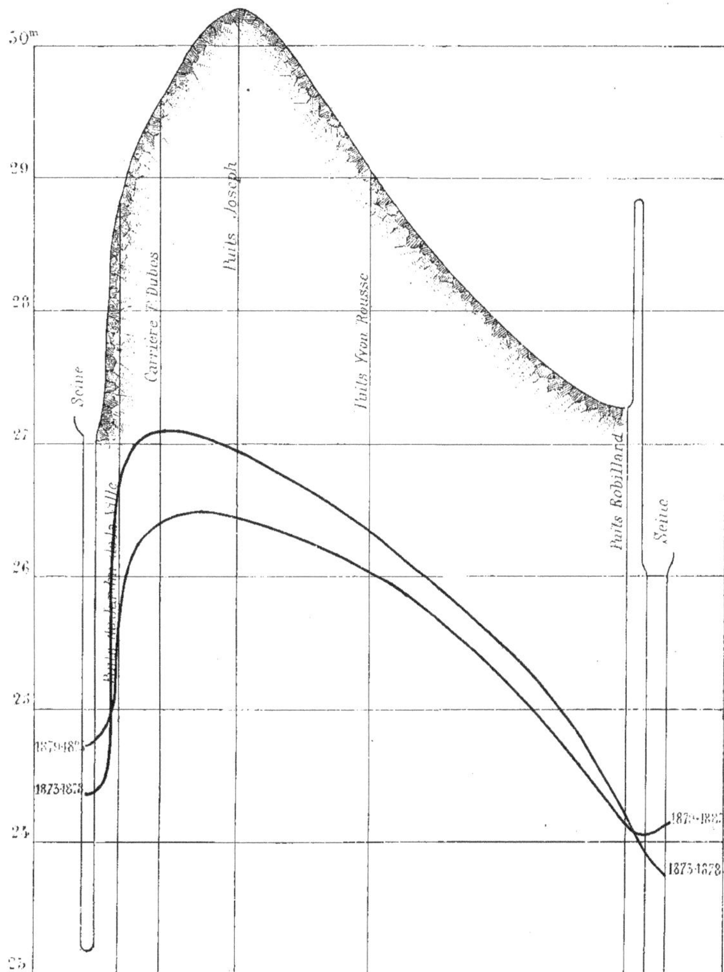

Imp. Chaix, Paris.

ANNEXE N° 16

SERVICE

DE

L'ASSAINISSEMENT DE LA SEINE

FRAIS

DE

PREMIER ÉTABLISSEMENT

FRAIS DE PREMIER ÉTABLISSEMENT

I. — USINE & CONDUITES D'AMENÉE

1° USINE			
(a) *Terrain et bâtiments.*			
Acquisition du terrain de l'usine		95.633 06	
Dérivation de Clichy		180.256 91	
Prise d'eau en Seine		17.553 18	
Mur de clôture de l'usine (mitoyenneté avec la Compagnie du gaz)		5.000 »	
1° Bâtiments de l'usine. — Machine de 150 chevaux		104.183 40	
2° — — 250 —		47.048 77	
3° — — 700 —		155.200 »	
Cheminée de l'usine		22.086 17	627.562
(b) *Machines proprement dites.*			
Machine et pompes de 150 chevaux		182.103 65	
— 250 —		198.700 »	
— 700 —		300.700 »	
Locomobiles et pompes d'amorcement pouvant servir à l'éclairage électrique des galeries et salles de l'usine		60.000 »	
Établissement d'un pont de service avec treuil		13.500 »	815.003
(c) *Bâtiments annexes.*			
Bureau-Laboratoire et magasin avec logements des agents		50.000 »	
Atelier-forge		5.000 »	
Établissement d'une grille de clôture		9.800 »	64.800
			1.507.365
(d) *Conduites de refoulement.*			
Conduites maîtresses de refoulement en fonte de 1m,10	119.416 28	143.220 23	
Traversée du pont de Clichy (solde)	23.803 95		
1re Conduite de refoulement 1m,10. — Quai de Clichy		90.000 »	
2e — —		128.425 47	361.645
2° DÉRIVATION DE SAINT-OUEN			
Construction de la dérivation de Saint-Ouen		274.874 87	
Traversée des ponts de Saint-Ouen. — (2 premières conduites de 0m,60)		72.231 07	
3e Conduite de 0m,60 placée aux ponts de Saint-Ouen		22.999 62	370.10[illegible]
TOTAL POUR L'USINE ET LES CONDUITES D'AMENÉE			2.239.11[illegible]

II. — DISTRIBUTION DANS LA PLAINE

DÉPENSE TOTALE POUR L'EXÉCUTION DES CONDUITES DE DISTRIBUTION ET DE DRAINAGE

	Longueurs	Prix du mètre courant		
1° DISTRIBUTION				
Conduites en maçonnerie de meulière et ciment de Portland de 1m,25 de diamètre	3.717m,20	80f 97	301.014f 00	
Conduites en béton moulé de 1m,00 de diamètre	1.893, 80	48 55	91.943 99	
— 0, 80 —	1.955, 60	40 57	79.338 60	
— 0, 60 —	16.469 »	26 95	443.839 35	
— 0, 45 —	9.378 »	17 23	161.582 94	
— 0, 30 —	548, 75	13 64	7.484 06	
Branchements de bouches et accessoires. — 594 bouches	»	140 »	83.160 »	
Cabinets, (trous d'homme, etc.)	»		11.000 »	1.180.262f 02
2° DRAINAGE				
Conduites et drains de 0m,45 de diamètre	7.807m »	11 85	330.389 45	
Divers	»		3.880 05	334.269 50
TOTAL POUR LA DISTRIBUTION ET LE DRAINAGE DANS LA PLAINE				1.514.531 52

III. — DÉPENSES ACCESSOIRES DIVERSES

1° CHAMP D'EXPÉRIENCES D'ASNIÈRES		
Acquisition des terrains	238.447 90	
Construction des bassins d'épuration et aménagement des terrains	25.620 06	
Acquisition des terrains pour passage de conduite	808 01	264.875 97
2° PREMIERS ESSAIS DE GENNEVILLIERS (1868-1872).		
Hangar abritant les locomobiles et pompes, logement du mécanicien, puisard etc. (démoli en 1881 pour la création du chemin vicinal n° 39, à Clichy)	67.171 15	
Canalisation en fonte de 0m,60 de l'égout au réservoir d'Asnières. (Aspiration et refoulement) *(Une partie de cette canalisation existe encore dans la plaine et se raccorde avec la canalisation en béton.)*	250.219 39	
Passage sur le pont de Clichy	48.000 »	
Aménagement du bureau laboratoire. — (Ancien	6.214 73	371.605 27
3° DIVERS		
Personnel spécial, frais spéciaux	4.763 64	
Honoraires des experts dans le procès avec la commune de Gennevilliers : indemnité à la commune	49.418 90	
Assainissement des égouts à Saint-Ouen	1.167 05	55.349 59
TOTAL POUR DÉPENSES DIVERSES		691.830 81

RÉSUMÉ

Total pour l'usine et les conduites d'amenée	2.239.117 06
Total pour la distribution et le drainage dans la plaine	1.514.531 52
Total pour dépenses diverses	691.830 81
TOTAL GÉNÉRAL	4.445.479 39

ANNEXE N° **17**

SERVICE

DE

L'ASSAINISSEMENT DE LA SEINE

DÉPENSES SPÉCIALES

A L'ÉLÉVATION ET A LA DISTRIBUTION DES EAUX

Moyennes de 5 années

I. — Dépenses d'élévation du mètre cube par l'usine de Clichy.

ANNÉES	PERSONNEL	CHARBON	GRAISSES et HUILES, ETC.	TOTAL	MÈTRES CUBES élevés PAR LES MACHINES	DÉPENSES PAR m. c. D'EAU ÉLEVÉE	OBSERVATIONS	Moyennes annuelles.
1879	21.225f,00	24.087f,96	14.056f,09	59.969,f05	6.695.776mc,000	0f,0089	A ces dépenses d'élévation proprement dite des eaux il convient d'ajouter. . .	68.318,43
1880	25.925, 75	29.549, 81	10.436, 52	65 912, 08	8.538.111, 000	0, 0077		
1881	27.481, 00	24.962, 09	12.126, 31	64.569, 40	8.343.612, 000	0, 0079	Réparation et entretien des machines et pompes . .	12.900,00
1882	30.336, 00	25.734, 86	12.867, 43	68.938, 29	10.261.755, 000	0, 0067	Éclairage	4.400.00
1883	29.588, 15	32.971. 49	19.643, 70	82.203, 34	10.033.389, 000	0, 0081	Travaux d'entretien des bâtiments, jardins, chemins et abords.	19.800.00
Totaux . .	134.555, 90	137.906, 21	69.130, 05	341.592, 16	43.872.643, 000	0, 0393	Ce qui porte la dépense moyenne annuelle. . . .	105.418,43
Moyennes .	26.911, 18	27.581, 22	13.826, 01	68.318, 43	8.774.528, 600	0, 0078	Et le prix du m. c. élevé à.	0,0113

II. — Dépenses d'exploitation du mètre cube, déversé dans la plaine de Gennevilliers, tant par l'usine de Clichy que par la dérivation de Saint-Ouen.

MOYENNES des années 1879-1883			M. C. DÉVERSÉS en moyenne PAR AN dans la plaine	DÉPENSE MOYENNE d'exploitation PAR MÈTRE CUBE	OBSERVATIONS
	Travaux d'entretien de la canalisation et des annexes.	65.560f,00	16.146.833mc	0,009	Le mètre cube épuré dans la plaine, revient, amené par machine, à 0,0113 + 0,009 = 0 fr. 0203 et amené par dérivation, à 0 fr. 009
	Salaire des cantonniers chargés de la distribution des eaux et de la surveillance des cultures	64.590, 00			
	Ateliers généraux d'entretien, menuiserie, serrurerie, montage, etc.	18.340, 00			
	TOTAL MOYEN. . .	148.490, 00			

ANNEXE N° **18**

SERVICE

DE

L'ASSAINISSEMENT DE LA SEINE

PROJET D'EXTENSION DU SERVICE

SUR

LES TERRAINS DOMANIAUX D'ACHÈRES

PLAN

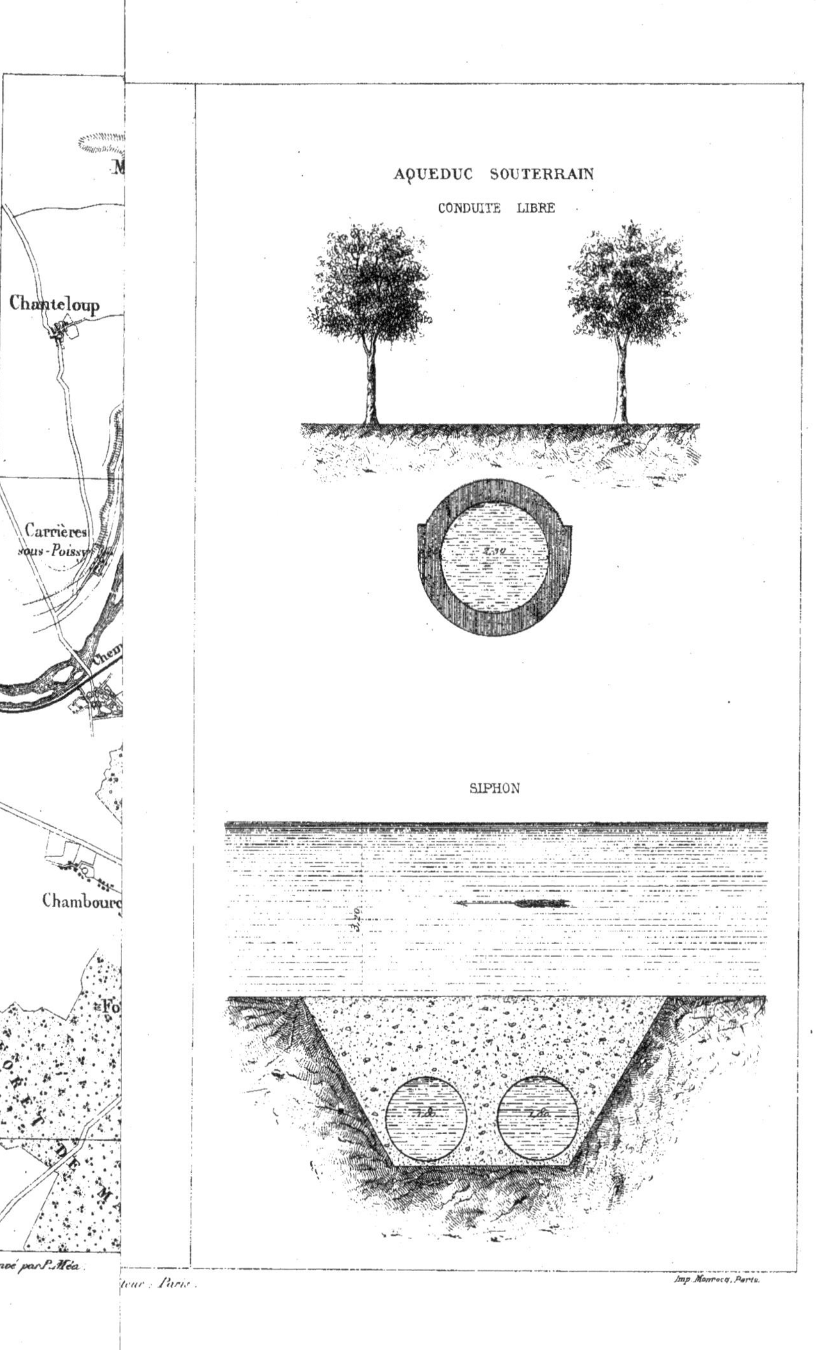

Gravé par P. Méa.

Imp. Monrocq, Paris.

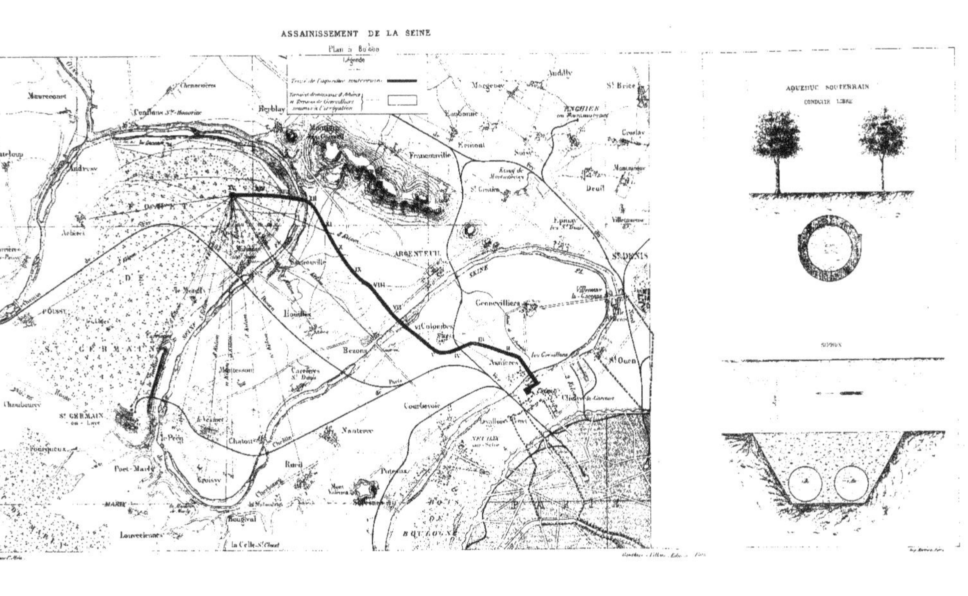

ASSAINISSEMENT DE LA SEINE
Plan à 1/80 000
Légende
Tracé de l'aqueduc souterrain
Terrains domaniaux d'Achères et Terrains de Gennevilliers soumis à l'irrigation
Maurecourt
Chennevières
Conflans Ste-Honorine
Herblay
Andresy
Achères
Poissy
Le Mesnil
Sartrouville
Houilles
Montesson
Carrières St Denis
Bezons
Colombes
Argenteuil
Seine
Gennevilliers
Asnières
Clichy la Garenne
St Ouen
St Denis
Courbevoie
Nanterre
Chatou
Le Vésinet
Le Pecq
Croissy
Rueil
Bougival
Louveciennes
La Celle-St Cloud
Port-Marly
Puteaux
Suresnes
St Germain en Laye
Chambourcy
Fourqueux
Margency
Andilly
St Brice
Eaubonne
Ermont
Franconville
Soisy
Enghien
Groslay
Montmagny
Deuil
Epinay
St Gratien
Neuilly sur Seine
Bois de Boulogne
AQUEDUC SOUTERRAIN
CONDUITE LIBRE
SIPHON

ANNEXE N° 19

SERVICE

DE

L'ASSAINISSEMENT DE LA SEINE

ÉCOULEMENT DIRECT A L'ÉGOUT

HOTELS

ET

MAISONS DE RAPPORT

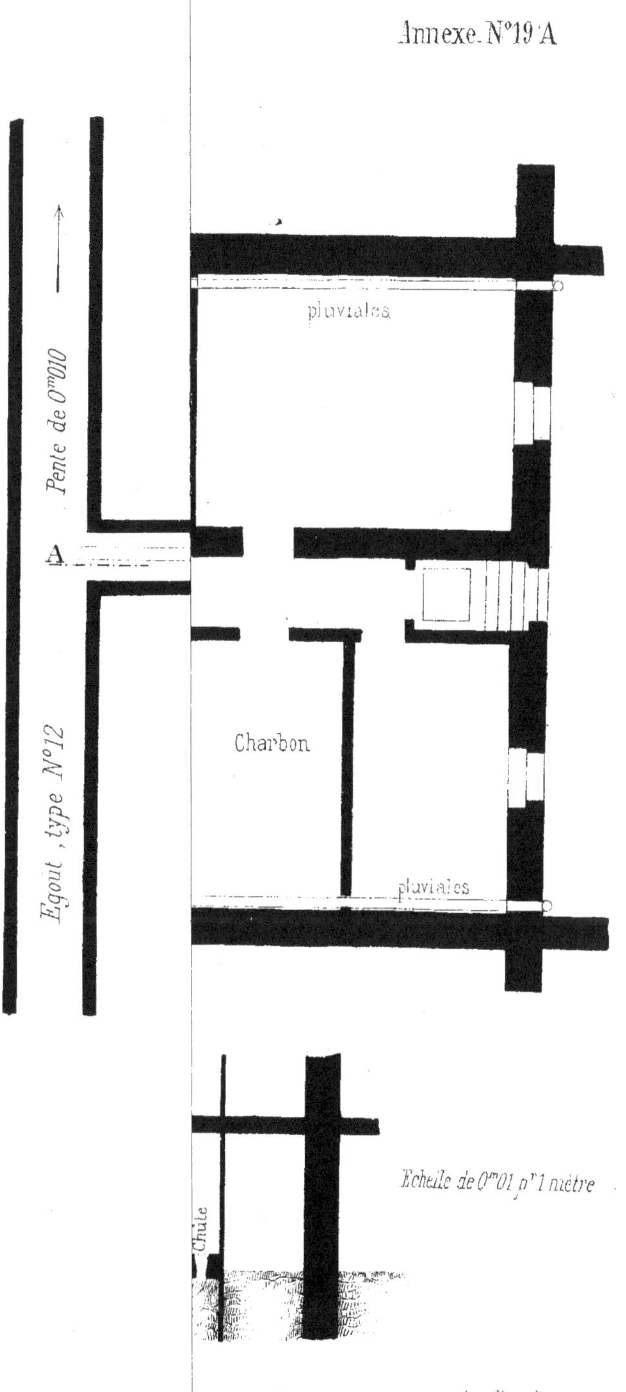

Imp. Chaix Paris.

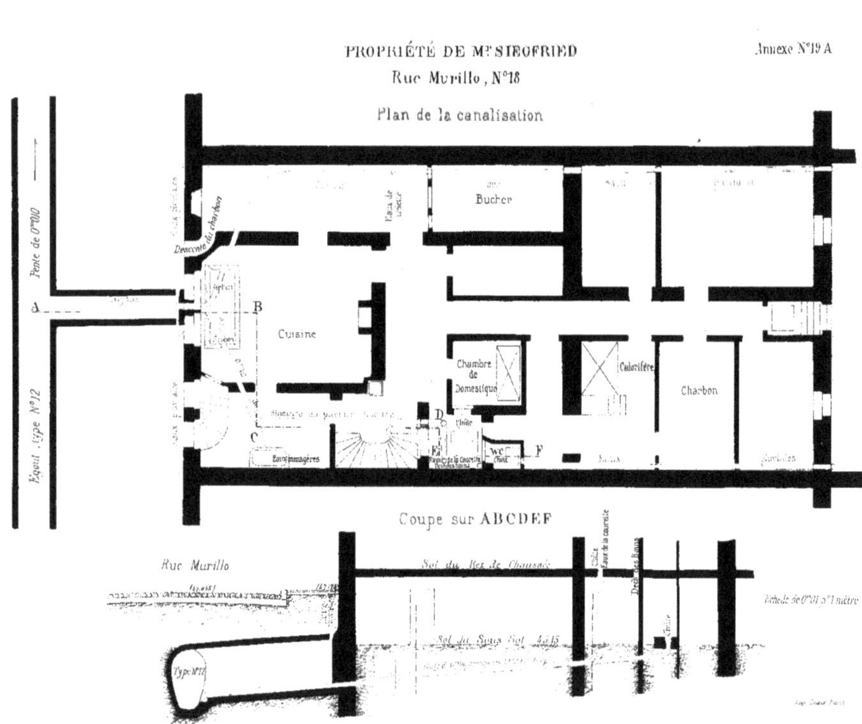

PROPRIÉTÉ DE Mr SIEGFRIED
Rue Murillo, N°18
Annexe N°19 A
Plan de la canalisation
Pente de 0m010
Égout type N°12
Bucher
Cuisine
Chambre de Domestique
Calorifère
Charbon
Descente du charbon
Eaux ménagères
W.C.
Coupe sur ABCDEF
Rue Murillo
Sol du Rez de Chaussée
Sol du Sous Sol
Type N°12
Échelle de 0m01 p.r 1 mètre

Plan des Caves

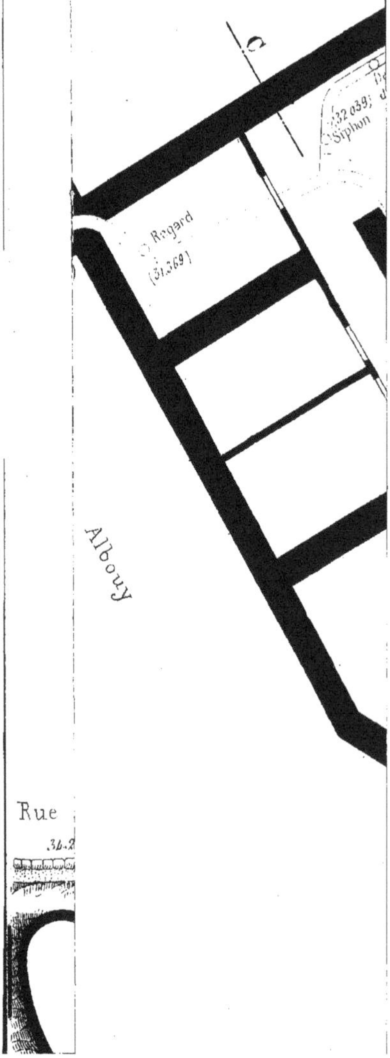

C

(32.039)
Siphon

Regard
(31.369)

Albouy

Rue

34.2

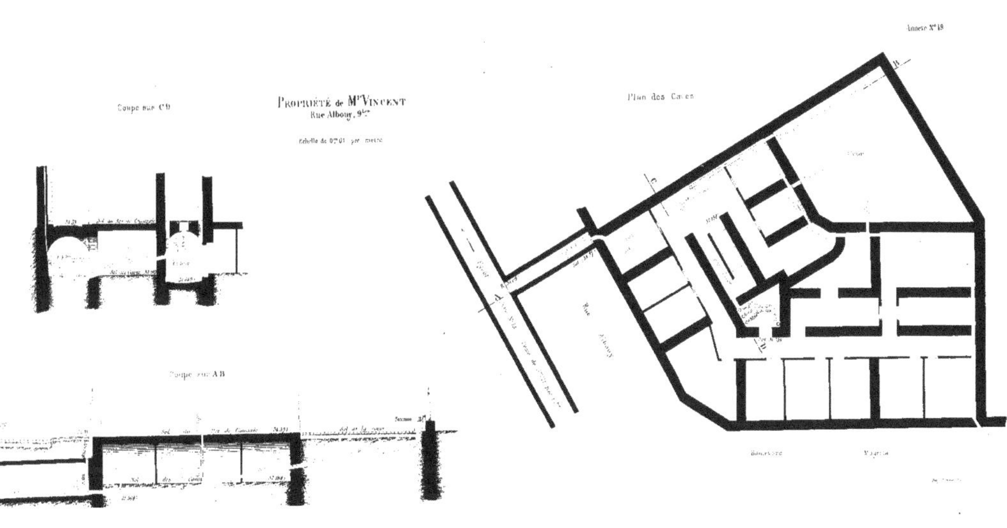
Annexe N° 19
Propriété de Mr Vincent
Rue Albouy, 9 bis
Echelle de 0m01 par mètre
Coupe sur CD
Coupe sur AB
Plan des Caves
Rue Albouy
Boulevard Magenta

ANNEXE N° 20

SERVICE

DE

L'ASSAINISSEMENT DE LA SEINE

ÉCOULEMENT DIRECT A L'ÉGOUT

CASERNE DE LA CITÉ

Coupe sur **AB**

Echelle de 0m02 p. m.

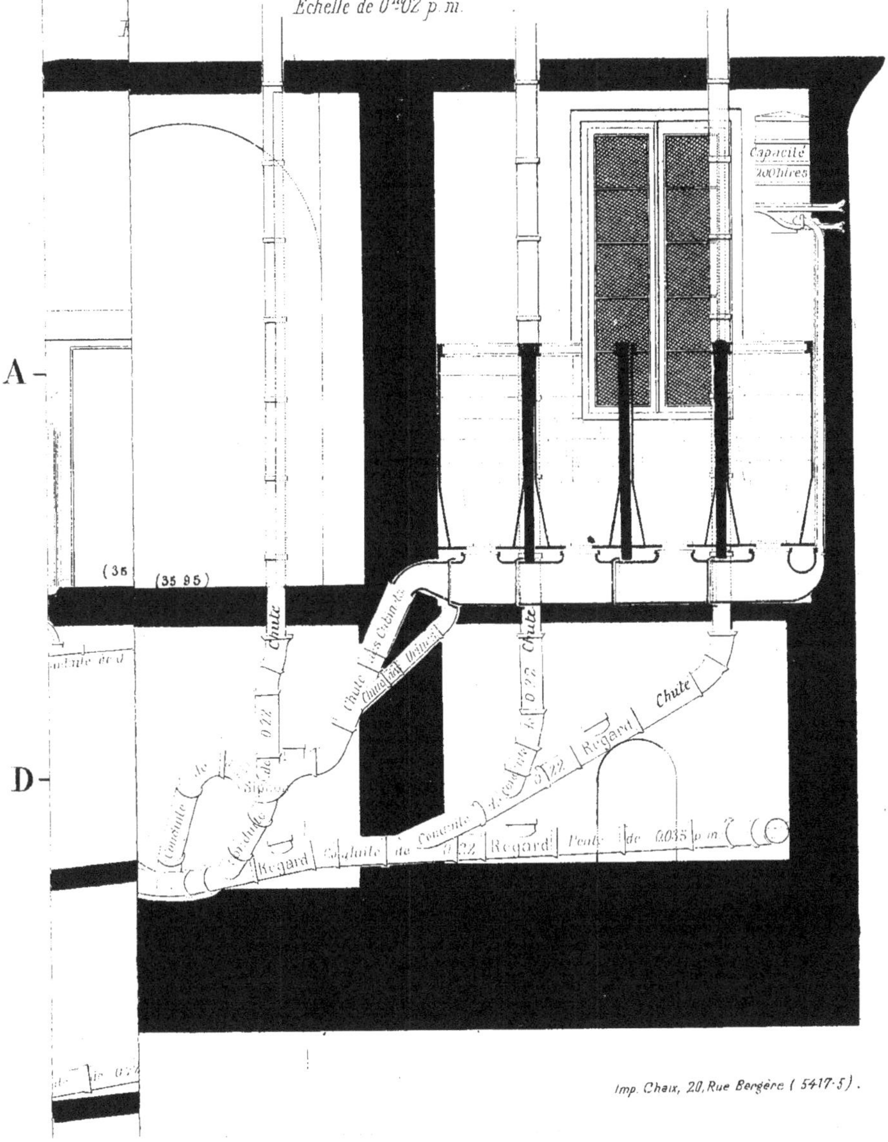

Imp. Chaix, 20, Rue Bergère (5417-5).

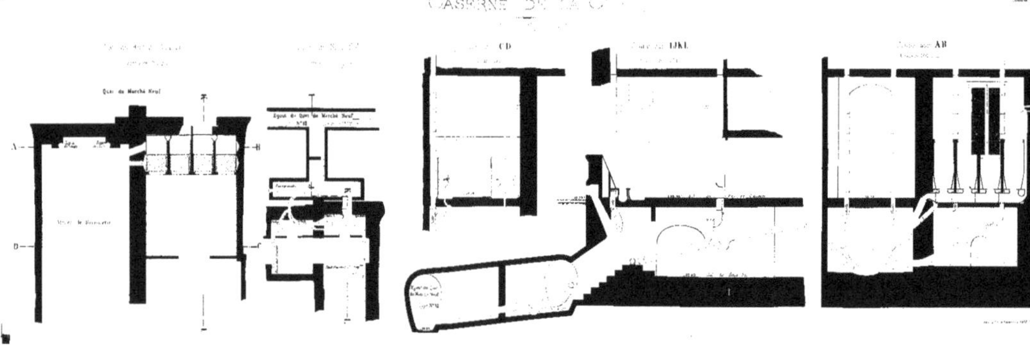
Quai du Marché Neuf
Egout du Quai du Marché Neuf
CD
IJKL
AB

Annexe n° 20 B.

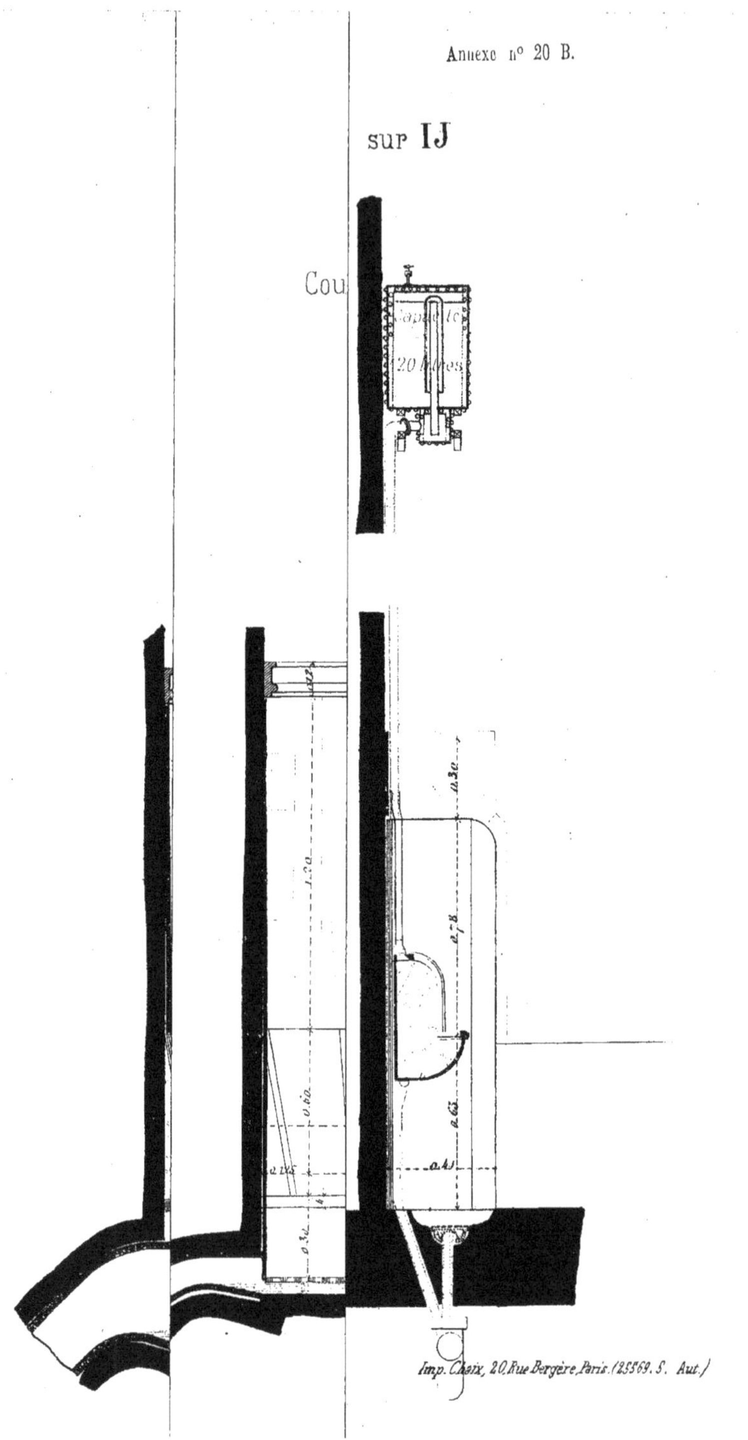

Imp. Chaix, 20, Rue Bergère, Paris. (25569. 5. Aut.)

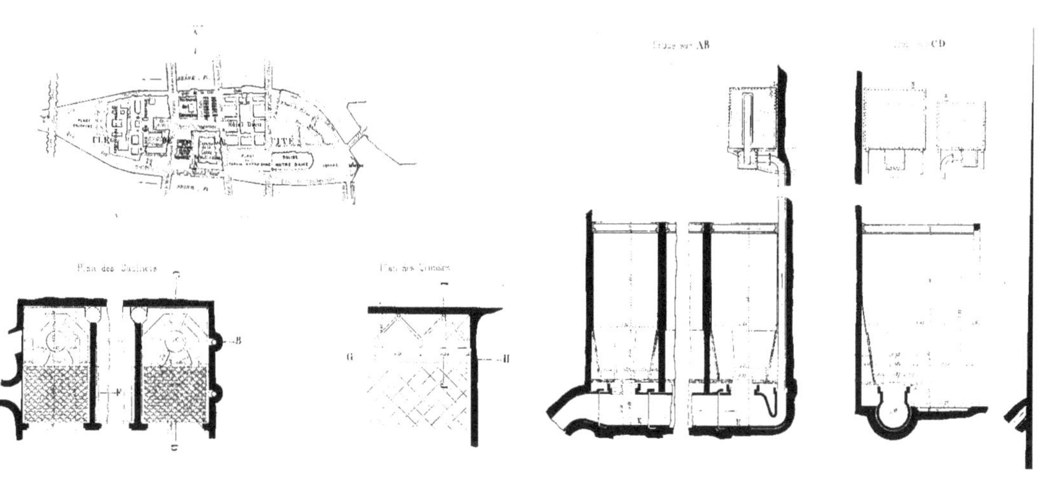

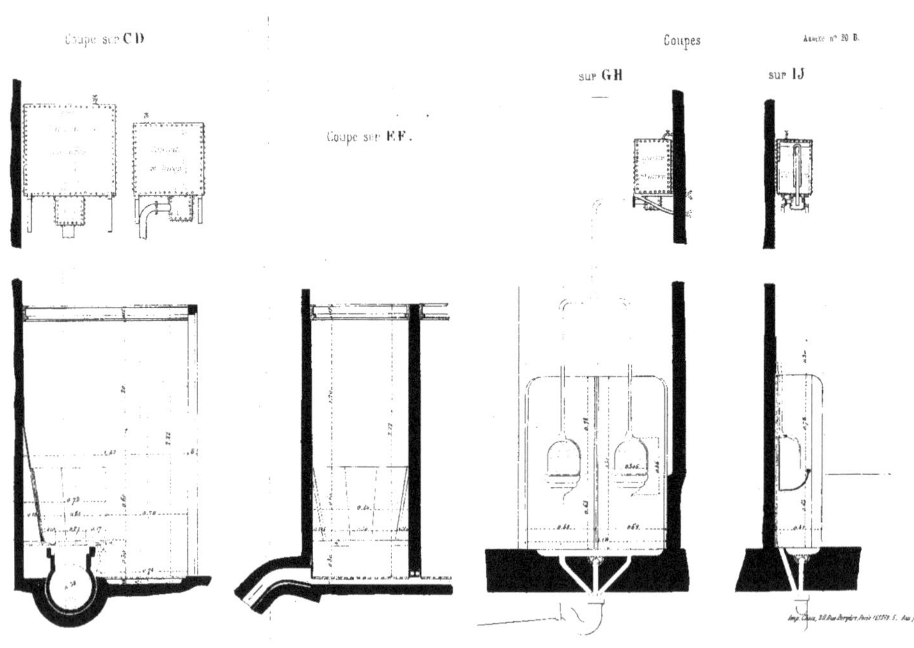
Coupe sur CD
Coupe sur EF.
Coupes
Annexe n° 20 B.
sur GH
sur IJ

www.ingramcontent.com/pod-product-compliance
Ingram Content Group UK Ltd.
Pitfield, Milton Keynes, MK11 3LW, UK
UKHW021536260726
13993UKWH00002B/537

9 782329 590974